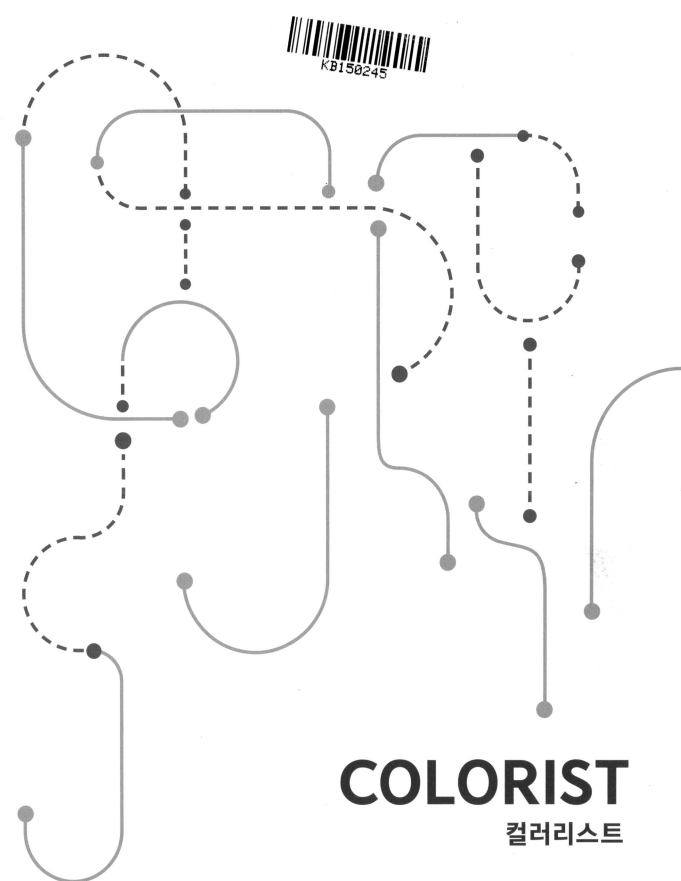

COLORIST

컬러리스트

정연자 · 윤지영 지음

교문사

PREFACE

우리 일상에서 색이 가지는 힘은 매우 크다.

시공간을 초월한 의미와 상징적 효과, 색이 지니는 감성과 인간의 삶에서의 시각적 커뮤니케이션의 중요성은 이루 말할 수 없으며 컬러 트렌드가 가져다주는 세계적인 변화의 물결 등을 보아도 색의 효력은 상당하다.

색채의 중요성이 부각되면서 색채전문가에게 필요한 국가자격증 시험을 시행하고 있다. 시험내용으로는 환경, 제품, 패션, 미용, 시각디자인 분야에서 필요로 하는 이론과 실무를 익힐 수 있도록 하고 있다. 이 책은 컬러리스트기사, 산업기사를 공부하는 사람들에게 쉽게 접근할 수 있도록 구성하였으며 대학 강의 16주에서 오리엔테이션과 중간고사, 기말고사를 제외한 한 학기 수업에 활용할 수 있도록 13강으로 구성하였다.

01장에서는 컬러리스트기사, 산업기사 실기시험 일정, 응시방법과 응시자격, 시험일정, 준비물, 안내문 등 시험정보에 대한 내용을 소개하였다. 02장에서는 산업기사, 기사 공통적으로 나오는 색의 삼속성인 색상, 명도, 채도와 색조를 이해하고 실습한다. 03장에서는 색상별, 색조별 색채 연상, 색채의 공감각, 색재지각과 감정효과, 기능적 색채, 색채조화론, 한국의 색채 등에 대한 이해를 담았으며 이에 대해 실습한다. 04장에서는 고대, 중세, 근대, 현대까지의 조형예술 디자인사를 살펴보고 색채의 특징을 분석하여 대표색을 도출하고 실습한다. 05장에서는 색채 배색기법에 따른 배색 조화의 예를 제시하고 응용하여 실습할 수 있도록 하였다. 06장에서는 형용사 언어에 대한 구체적이고 객관화된 이미지의 색상과 색조의 특징을 파악하고 12개 대표 감성언어 이미지 스케일의 배색이미지를 연습한다. 07장에서는 CIE L*a*b* 색 공간에서 두 색 간의 색차를 알아보고 색채 차이를 보정하는 오차보정에 대하여 설명한다. 08장에서는 원색을 서로 조합하여 제시된 색지와 똑같이 재현하는 연습을 하는 조색을 한다. 09장에서는 삼속성 테스트 시험과정, 접근방법, 문제유형에 대해 살펴보고 등간격변화가 보이도록 색지를 선택하여 부착한다. 10장에서는 컬러리스트 산업기사 1교시 실기에 대해 안내하고 삼속성 테스트, 조색, 오차보정 기출문제를 실습한다. 11장에서는 컬러리스트 산업기사 2교시 실기에 대해 안내하고 감성배색 기출문제를 실습한다. 12장에서는 컬러리스트기사 1교시 실기에 대해 안내하고 삼속성 테스트, 조색, 오차보정 기출문제를 실습한다. 13장에서는 컬러리스트기사 2교시 실기에 대해 안내하고 색채계획 기출문제를 실습한다.

본서가 색에 관심을 가지고 있는 사람들이 쉽게 이해할 수 있는 책이 되어 다양한 분야에서 활용되기를 바라며 특히 컬러리스트 국가자격증을 준비하는 사람들에게 좋은 지침서가 되기를 희망한다. 미흡한 부분들은 앞으로 개정하면서 더 발전시켜 나갈 것이다.

끝으로 이 책이 출간되기까지 바쁘신 중에도 한결같이 도와주신 교문사 관계자분들께 진심으로 감사드리며 가족에게 고마움과 사랑을 전한다.

2017년 2월
정연자, 윤지영

CONTENTS

01
컬러리스트 시험정보

컬러리스트 시험절차 및 응시방법

(1) 필기시험

① 접수 : 큐넷 홈페이지(www.q-net.or.kr) 회원가입 후 가능
② 인터넷 원서 접수 시 지역별 시험장 선택
③ 필기 합격 발표 : 큐넷 홈페이지 또는 문자 발송

(2) 실기시험

① 접수 : 큐넷 홈페이지(www.q-net.or.kr) 회원가입 후 가능
② 원서 접수 시 시험일자와 장소 선택(주로 주말인 토 · 일요일에 시행)
③ 준비 : 응시자격 서류(졸업증명서, 경력증명서 등) 기간 내에 제출
④ 필기 합격 후 2년간 필기 면제
⑤ 실기 합격 발표 : 큐넷 홈페이지 또는 문자 발송

컬러리스트 응시자격

① 컬러리스트 기사 : 4년제 대학 졸업 예정 및 졸업자, 해당 경력자
② 컬러리스트 산업기사 : 2년제 대학 졸업 예정 및 졸업자, 해당 경력자
※ 큐넷 홈페이지에서 응시 가능 자격 여부 확인

컬러리스트 시험종목

(1) 컬러리스트 기사

① 필기
• 시험시간 : 13시 30분 ~ 16시(총 150분)
• 시험과목 : 제1과목 색채심리/마케팅
　　　　　　제2과목 색채디자인
　　　　　　제3과목 색채관리
　　　　　　제4과목 색채지각
　　　　　　제5과목 색채체계론
　　　　　　(과목당 20문제 5과목 총 100문제)

② 실기
• 시험시간 : 1교시 9시 30분 ～ 12시 30분(3시간)
　　　　　　2교시 13시 30분 ～ 16시 30분(3시간)
• 시험과목 : 1교시 삼속성 / 조색 / 오차보정
　　　　　　2교시 색채계획 1문제

(2) 컬러리스트 산업기사

① 필기
• 시험시간 : 9시 30분 ～ 12시(총 150분)
• 시험과목 : 제1과목 색채심리/마케팅
　　　　　　제2과목 색채디자인
　　　　　　제3과목 색채관리
　　　　　　제4과목 색채지각
　　　　　　제5과목 색채체계론
　　　　　　(과목당 20문제 5과목 총 100문제)

② 실기
• 시험시간 : 1교시 9시 30분 ～ 12시(2시간 30분)
　　　　　　2교시 13시 ～ 15시 30분(2시간 30분)
• 시험과목 : 1교시 삼속성 / 조색 / 오차보정
　　　　　　2교시 감성배색 4문제

컬러리스트 합격기준 (기사/산업기사)

① 필기
5과목 100점 만점에 평균 60점 이상 합격
(단, 5과목 각 과목당 40점인 8개 이상 정답이어야 함)

② 실기
1교시 50점 / 2교시 50점 총 100점 만점에 60점 이상 합격

컬러리스트 기사 · 산업기사 시험일정

구분	필기원서접수 (인터넷)	필기시험	필기합격 (예정자) 발표	실기원서 접수	실기시험	합격자 발표
1회	2월 초	3월 초	3월 중순	3월 말	4월 중순～말	5월 말
2회	4월 초	5월 초	5월 중순	5월 말	6월 말~7월 초	8월 초
3회	8월 초	8월 말	9월 초	9월 중순	10월 중순～말	11월 말

실기시험 준비물

구분	재료명	수량	비 고
1	포스터컬러	12색	전문가용
2	색지	임의	KS155색종이
3	평 붓	6	5호
4	세필	3	기사(0 또는 1호/3,5호)
5	종이팔레트	2	A4 사이즈 추천
6	물통	6~8	아이스 일회용 컵 추천
7	계산기	1	공학용(√ 확인)
8	연필, 볼펜	각 1	흑색
9	드라이기, 초	1	
10	자	1	30cm
11	가위	1	
12	칼	1	
13	딱풀	1	
14	투명테이프	1	폭 18mm
15	양면접착테이프	1	폭 18mm
16	걸레	1	
17	책상 고무판	1	
18	A4용지	10	
19	색연필	24색	기사

1교시 실기 안내문

배점	총 50점		
문제	삼속성(20점)	기사	6칸 3문제
		산업기사	5칸 3문제
	조색(20점)	기사	4문제
		산업기사	3문제
	오차보정(10점)	1문제	
소요시간	기사	3시간	
	산업기사	2시간 30분	
주의사항	• 색지는 볼 수 없다. • 삼속성, 조색은 도화지에 채색하여 붙인다. • 오차보정은 계산기를 이용한다.		

2교시 실기 안내문

문제 및 소요시간

• 기사 : 도면과 배색의도, 주·보·강조색 서술, 면적비례표 문제로 50점
  소요시간은 3시간
• 산업기사 : 5배색 2문제 각각 10점, 10배색 1문제 10점, 면적색채계획 1문제 20점으로
  총 4문제 50점 소요시간은 2시간 30분

02
색채의 속성

(1) 색상 Hue

- 색채의 명칭을 말한다.
- 다른 색과 구별되는 그 색만이 갖는 독특한 성질을 말한다.
- 색상은 물체의 표면에서 선택적으로 반사되는 현상이다.
- 색상은 순수한 색일수록 현저하게 나타난다.

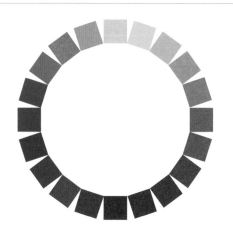

(2) 명도 Value

- 명도는 색의 밝고 어두운 정도를 말한다.
- 명도 단계는 10단계로 구분한다.
- 물체 표면의 반사율에 대한 명암의 단계이다.
- 명도는 유채색, 무채색 모두 있다.
- 인간의 눈은 3속성 중 명도에 대한 감각이 가장 예민하며 색상, 채도 순서이다.
- 완전한 흰색과 검정은 존재하지 않는다.

(3) 채도 Chroma

- 채도는 색의 맑고 탁한 정도를 말한다.
- 색의 순수한 정도, 색의 성질을 나타내는 강약을 말한다.
- 색의 선명도를 나타내는 것으로 스펙트럼에 가까울수록 채도가 높아지며, 한 색상 중에서 가장 높은 채도를 순색이라고 한다.
- 무채색의 포함량이 많을수록 채도가 낮으며, 무채색의 포함량이 적을수록 채도는 높다.

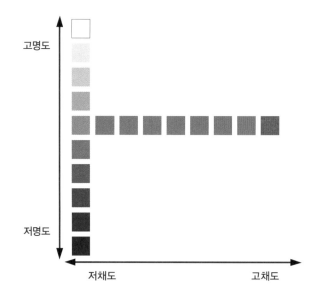

다음 빈칸에 'KS표준색' 색지의 해당 번호를 1.5×1.5cm 크기로 잘라 붙이고 붙인 색지와 똑같은 색이 되도록 포스터컬러로 조색하여 KS색상환을 완성한다.

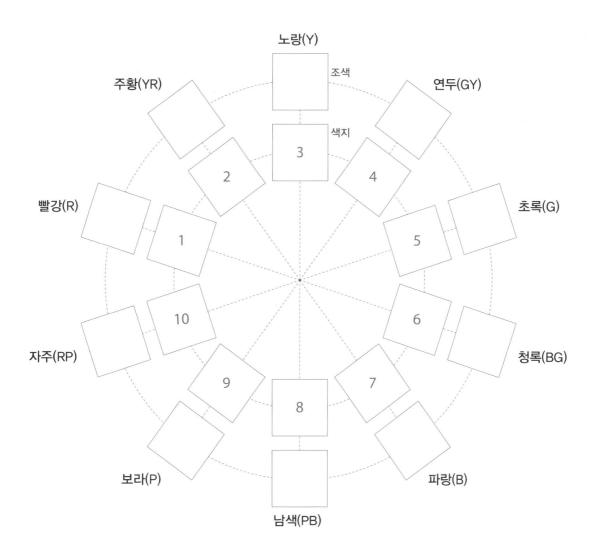

세로 빈칸은 146~155번의 색지를 1.5×1.5cm 크기로 잘라 해당 번호에 붙이고 색지와 똑같은 색이 되도록 포스터컬러로 조색하여 Grayscale을 완성한다.

가로 빈칸은 11번 색지인 R/vv 색을 포스터컬러를 이용하여 조색한 다음 152번인 N4와 R/vv를 그러데이션하여 도화지에 칠해 둔다. 도화지에 칠해 둔 여러 색지 중에서 등간격이 되도록 6단계를 골라 붙여 완성한다.

명도
Value

	색지	조색							
N9.5	146								
N9	147								
N8	148								
N7	149								
N6	150								
N5	151								
N4	152								11 빨강(R)
N3	153								
N2	154								
N1.5	155								

조색

색지   조색

채도
Chroma

(4) 색조 Tone

• 명도와 채도를 포함한 복합 개념으로 색의 명암, 강약, 농담을 나타내는 색의 속성이다.

• 색상보다 색조의 변화에 민감하고 감성이나 이미지 표현에 효율적이다.

• 동일색상이라 하여도 색조에 따라 다른 이미지와 성격을 지니고 있기 때문에 이미지배색을 하는 데 있어 색조는 중요한 역할을 하게 된다.

다음 빈칸에 'KS표준색' 색지의 해당 Tone을 1×1cm 크기로 잘라 붙여 완성한다.

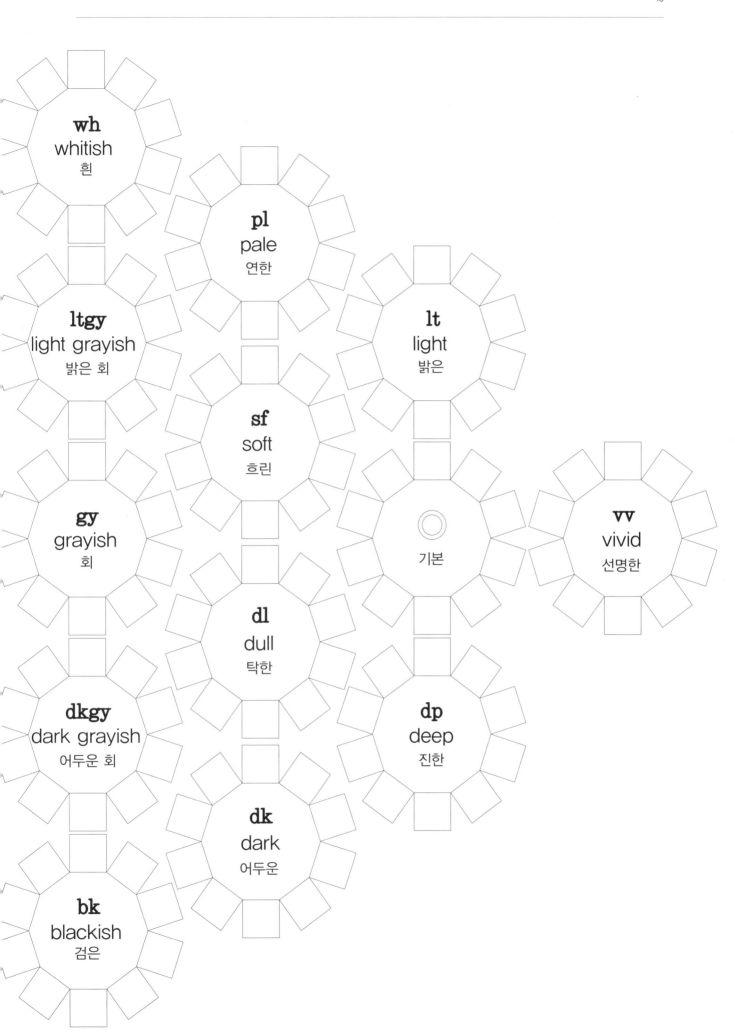

03
색채의 이해

색채 연상

어떤 색을 보았을 때 색과 관계된 사물, 분위기, 이미지 등을 생각해 내는 것을 색채 연상 이라고 한다. 연상 이미지는 구체적인 것과 추상적인 것으로 나눌 수 있다. 구체적인 대상 을 떠올리는 것을 구체적 연상, 추상적인 관념을 떠올리는 것을 추상적 연상이라 한다. 각 색채의 공통적인 이미지를 파악하면 감성적인 이미지를 구사할 수 있다.

(1) 색상별 연상이미지

정열, 위험, 흥분, 혁명, 분노, 불, 애정, 태양, 사과, 행복, 온화함

즐거움, 따뜻함, 기쁨, 만족, 건강, 활력, 가을, 화려함, 풍요, 칙칙한, 중후함

명랑, 환희, 희망, 광명, 유쾌, 천박, 황금, 바나나, 미숙, 황제, 발전, 경박, 풍요

신선, 생동, 안정, 순진, 자연, 초여름, 위안, 친애, 청순, 젊음, 신록, 생명, 산뜻한

평화, 상쾌, 희망, 휴식, 안전, 안정, 평정, 지성, 자연, 초여름, 잔디, 양기, 생명

청결, 냉정, 이성, 호수, 심미, 삼림

젊음, 차가움, 명상, 심원, 성실, 영원, 냉혹, 추위, 바다, 하늘, 평화, 이상, 쓸쓸함

공포, 침울, 냉철, 무한, 우주, 숭고, 영원, 장엄한, 차가움, 영국황실, 위엄, 숙연함, 신비

우아, 고독, 신비, 공포, 예술, 위엄, 고풍, 고귀한, 퇴폐, 권력, 도발, 슬픔, 우울

사랑, 애정, 화려, 아름다움, 흥분, 슬픔, 화사함, 사치, 섹시한, 권력, 허영, 신비

순수, 순결, 신성, 정직, 청결, 눈, 청순, 결백, 청정, 웨딩드레스

평범, 겸손, 회의, 침울, 무기력, 소극적, 차분한, 쓸쓸함, 안정

불안, 침묵, 암흑, 부정, 죽음, 밤, 악함, 강함, 신비, 정숙, 슬픔, 모던, 장엄함, 공포

(2) 색조별 연상이미지

- vivid Tone (선명한)
  선명한, 화려한, 눈에 띄는, 강렬한, 강한, 활발한, 자극적인, 생생한, 분명한, 건강한

- light Tone (밝은)
  밝은, 건강한, 화려한, 상쾌한, 즐거운, 단맛의, 기쁜, 귀여운, 경쾌한, 명랑한, 캐쥬얼한

- pale Tone (연한)
  연한, 맑은, 어린애 같은, 즐거운, 가벼운, 기쁜, 여성적인, 귀여운

- whitish Tone (흰)
  가벼운, 깨끗한, 맑은, 옅은, 여성적인, 약한, 연약한, 깔끔한

- soft Tone (흐린)
  부드러운, 은은한, 온화한, 평온한, 단정한

- dull Tone (탁한)
  원숙한, 어른스러운, 중간색적인, 차분한, 점잖은, 격식 있는, 둔탁한, 고상한

- deep Tone (진한)
  진한, 짙은, 깊은, 전통적인, 충실한, 강한, 고상한, 보수적인, 견고한

- light Grayish Tone (밝은 회)
  점잖은, 은은한, 잔잔한, 편안한, 안정된, 소박한, 심플한

- grayish Tone (회)
  점잖은, 침착한, 어른스러운, 탁한, 수수한, 조용한, 차분한, 안정된, 낡은, 칙칙한

- dark Tone (어두운)
  어두운, 무거운, 견고한, 보수적인, 고요한, 남성적인, 신사적인

- dark grayish Tone (어두운 회)
  어두운, 고지식한, 딱딱한, 무거운, 격식 있는, 음울한, 남성적인

- blackish Tone (검은)
  고급스러운, 고상한, 어두운, 무거운, 남성적인, 격식 있는, 단단한

색채와 공감각

(1) 색채와 미각(모리스데리베레의 연구)

• 단맛 : 빨간색, 분홍색, 주황색, 노란색의 배색
• 신맛 : 녹색, 노란색, 연두색의 배색
• 쓴맛 : 브라운, 올리브 그린, 마룬의 배색
• 짠맛 : 연녹색, 연파랑, 회색의 배색

(2) 색채와 후각

• 순색과 고명도, 고채도의 색은 향기롭게 느낀다.
• 명도, 채도가 낮은 난색 계열의 색은 나쁜 냄새를 느낀다.
• 에로틱한 향 : 난색 계열, 검정, 흰색, 금색
• 모리스 데리베레의 연구에 의한 향과 색의 연상
  ① musk(사향)향 : red brown, golden yellow
  ② floral(꽃)향 : rose
  ③ mint(박하)향 : green
  ④ ethereal(공기)향 : white, light blue
  ⑤ lilac(라일락)향 : pale purple
  ⑥ coffee(커피)향 : brown, sepia
  ⑦ camphor(장뇌)향 : white, light yellow

(3) 색채와 소리(음)

• 색청, 색음현상 : 음에서 색을 느껴 색으로 표시하는 것을 말한다.
           소리를 통하여 색을 연상하게 하는 현상이다.
• 카스텔(castel) : C-청색, D-녹색, E-노랑, G-빨강, A-보라
• 뉴턴 : 도-빨강, 레-주황, 미-노랑, 파-초록, 솔-파랑, 라-남색, 시-보라
• 예리한 음 : 황색 기미의 해맑은 빨간색, 순색에 가까운 밝고 선명한 색

(4) 색채와 형태(요하네스 이텐, 칸딘스키, 파버비렌의 연구)

• 빨간색 : 정사각형
• 주황색 : 직사각형(세로방향)
• 노란색 : 역삼각형
• 녹색 : 육각형
• 파란색 : 원
• 보라색 : 타원(가로방향)
• 갈색 : 마름모
• 흰색 : 반달모양
• 검은색 : 사다리꼴
• 회색 : 모래시계 모양

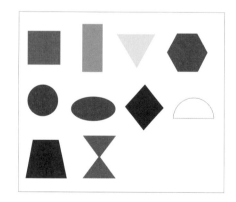

색채지각과 감정효과

색에 대한 감성은 집단과 경험에 따라 차이가 있지만 보편성을 갖고 있다.
색의 속성에 따라 색채에서 전달되는 감정효과를 알 수 있다.

(1) 온도감

- 색에서 느껴지는 따뜻함과 차가움으로 색상의 영향이 크다.
- 따뜻한 색(난색) : 장파장의 색, 빨강, 다홍, 주황의 색상. 무채색은 검정
- 차가운 색(한색) : 단파장의 색, 파랑, 남색, 청록의 색상. 무채색은 흰색
- 온도감이 없는 색(중성색) : 녹색, 보라

(2) 중량감

- 색이 무겁거나 가벼운 느낌으로 명도의 영향이 크다.
- 가벼운 색 : 고명도의 색, 흰색, 노랑
- 무거운 색 : 저명도의 색, 검정, 어두운 회색, 남색

(3) 강약감

- 색이 강하고 연한 느낌으로 채도와 명도가 관계된다.
- 강한 색 : 중명도의 채도가 높은 색
- 연약한 색 : 고명도의 채도가 낮은 색

(4) 경연감

- 색이 부드럽고 딱딱한 느낌으로 채도의 영향이 크다.
- 부드러운 색 : 명도가 높고 채도가 낮은 난색
- 딱딱한 색 : 중명도 이하로 명도가 낮고 채도가 높은 한색

(5) 진출, 후퇴

- 색에 따라 거리가 달라 보이는 것으로 색상, 명도, 채도가 함께 영향을 준다.
- 진출색 : 난색계, 고채도, 고명도, 유채색이 무채색보다 진출되어 보인다.
- 후퇴색 : 한색계, 저채도, 저명도

(6) 팽창, 수축

- 색에 따라 크거나 작게 보이는 현상으로 색상, 명도, 채도가 함께 영향을 준다.
- 팽창색 : 고명도 · 고채도의 난색
- 수축색 : 저명도 · 저채도의 한색

기능적 색채

(1) 시인성(명시성)

- 멀리서 바라보면 잘 보이는 색과 그렇지 않은 색의 현상을 말한다.
- 명도－채도－색상의 순으로 영향을 준다.
- 명도가 높으면서 채도가 높은 색이 시인성이 높다.
- 배경과 대상의 명도차이가 클수록 시인성이 높다.

(2) 유목성(주목성)

- 색이 사람의 주의를 끄는 정도를 말한다.
- 난색계가 높고 한색계가 낮다.

(3) 식별성

- 어떤 대상이 다른 것과 서로 구별되는 것을 말한다.
- 지도, 지하철 노선도, 포스터 등의 시각자료에서 많이 쓰인다.

(4) 가독성

- 형태나 문자를 판독하기 쉬운 정도를 말하며 색채와 함께 형태도 중요하다.

(5) 안전색채

한국산업규격 KS A 3501에는 적용범위와 빨강, 주황, 노랑, 녹색, 파랑, 보라, 흰색, 검정의 8가지 색채 규정이 있다.

- 빨강 : 금지, 정지, 소화설비, 고도의 위험, 화약류의 표시
- 주황 : 위험, 항해 항공의 보안시설, 구명보트, 구명대
- 노랑 : 경고, 주의, 장애물, 위험물, 감전경고
- 녹색 : 안전, 안내, 유도, 진행, 비상구, 위생, 보호, 피난소, 구급장비, 의약품, 차량의 통행
- 파랑 : 특정행위의 지시 및 사실의 고지, 의무적 행동, 수리 중, 요주의
- 보라 : 방사능과 관계된 표지, 방사능 위험물의 경고표시, 작업실이나 저장시설, 관리시설
- 흰색 : 문자, 파란색이나 녹색의 보조색, 통행료, 정돈, 청결, 방향지시
- 검정 : 문자, 빨간색이나 노란색에 대한 보조색

색채조화론

색채조화는 2색 또는 3색 이상의 다색배색에 질서를 부여하는 것으로 통일과 변화, 질서와 다양성 같은 반대요소들을 모순이나 충돌이 일어나지 않도록 조화시키는 것을 말한다. 색채조화론은 복잡하고 변화가 많은 배색의 방법에 일정한 질서와 법칙을 제시하여 배색간의 조화의 원리를 규명함으로써 개인적인 색채 조화의 평가를 일반적이고 직관적인 원리로 체계화한 것을 말한다.

(1) 슈브럴의 조화론

• 유사의 조화

① 명도에 따른 조화

　하나의 색상에 각기 다른 여러 명도를 단계적으로 동시에 배색하여 얻어지는 조화를 말한다.

② 색상에 따른 조화

　톤이 비슷한 인접색상을 동시에 배색했을 때 얻어지는 조화를 말한다.

③ 주조색에 따른 조화

　여러 가지 색들 가운데서 한가지의 색이 주조를 이룰 때 얻어지는 조화를 말한다.

• 대비의 조화

① 명도대비에 따른 조화

　같은 색상에서 명도의 차이를 극단적으로 벌어지게 배색할 때 얻어지는 조화를 말한다.

② 색상대비의 조화

　색상의 차이를 크게 배색했을 때 얻어지는 조화를 말한다.

③ 색채대비의 조화

　③-1. 보색대비에 따른 조화

　　색상의 거리가 먼 보색끼리 배색하여 얻어지는 조화로써 명도대비를 같이 고려하면 더욱 효과적이다.

　③-2. 근접보색대비의 조화

　　어떤 하나의 색과 보색인 색의 이웃에 있는 반대색으로 배색했을 때 이루어지는 조화이다.

(2) 저드의 조화론

• 질서의 원리

일정한 법칙에 따라 선택한 색은 조화롭다.

• 친근감의 원리

인간에게 친숙한 자연색채는 조화롭다.

• 유사성의 원리

색에 공통성이 있으면 조화롭다.

• 명료성의 원리

색상, 명도, 채도가 애매하지 않고 명쾌하면 조화롭다.

(3) 파버비렌의 조화론

- 색삼각형의 연속된 선상에 위치한 색들을 조합하면 그 색들간의 관련된 시각적 요소가 포함되어 있기 때문에 조화롭다.
- 오스트발트 표색계의 이론을 수용하였다.

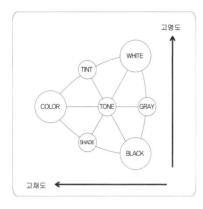

1. COLOR
2. WHITE
3. BLACK
4. BLACK + WHITE = GRAY
5. COLOR + WHITE = TINT
6. COLOR + BLACK = SHADE
7. COLOR + WHITE + BLACK = TONE

- 파버비렌의 색채조화원리

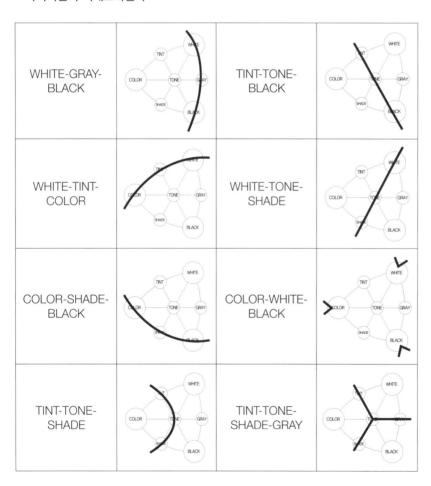

WHITE-GRAY-BLACK		TINT-TONE-BLACK	
WHITE-TINT-COLOR		WHITE-TONE-SHADE	
COLOR-SHADE-BLACK		COLOR-WHITE-BLACK	
TINT-TONE-SHADE		TINT-TONE-SHADE-GRAY	

한국의 전통색

(1) 오방색과 오간색

• 오방색 : 음양오행사상에서 출발한 5개의 방위에 해당하는 청(靑), 적(赤), 백(白), 흑(黑), 황(黃)의 5가지 색(=오정색)이다.
• 오간색 : 간색은 정색과 정색이 합쳐져 생겨난 색으로 녹색(綠色), 벽색(碧色), 홍색(紅色), 자색(紫色), 유황색(硫黃色)의 5가지 색이다.

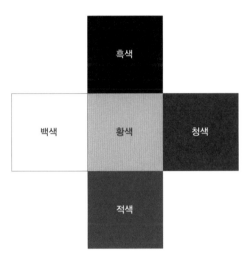

오방색(오정색)

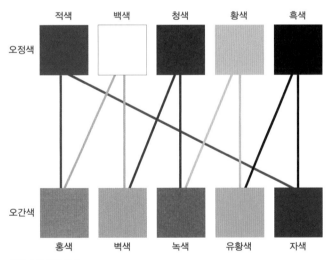

정색과 간색의 관계

오정색	방위	풍수	계절	오행	오륜	맛	신체부위
청	동	청룡	봄	목	인	신맛	간장
적	남	주작	여름	화	예	쓴맛	심장
황	중앙	황룡		토	신	단맛	위장
백	서	백호	가을	금	의	매운맛	폐
흑	북	현무	겨울	수	지	짠맛	신장

(2) 한국 전통색의 표현

- **단청**
  ① 불교의 사찰이나 궁궐을 장식할 때 오방색의 방위에 따라 색을 사용함으로써 조화를 이룬다고 한다.
  ② 천장은 천상의 세계를 나타내기 위해 신격화된 사물을, 천장을 떠받치는 부재는 오색구름과 무지개, 기둥에는 구름, 기둥 아래는 현세의 존엄성을 푸른색과 붉은색의 보색대비로 나타났다.

- **자기**
  ① 청자를 상징하는 색명은 비색(연한 청록)이나 실측하면 녹색을 띤 회색이다.
  ② 청화백자는 N7 정도의 다소 밝은 회색이며 흰색과 청색으로 조선시대 선비사상을 엿볼 수 있다.

- **조각보**
  ① 청홍(靑紅)을 주조로 대담하게 색면 분할의 세련미를 이룬다.
  ② 동일 계열의 색상을 농담만 달리한 조각으로 이루어진 단색조가 많다.

- **색동**
  ① 음양오행설의 영향을 받은 색동은 오방색 중에서 검정색을 제외한 빨강, 파랑, 노랑, 흰색의 색상 중심으로 형성되어 있으며 특히 빨강, 파랑, 노랑은 모든 색동에 공통적으로 나타난다(검정은 죽음의 의미로 해석).
  ② 간색과 혼합색(주로 G 계열, R 계열)의 추가배색으로 자연스러운 배색의 연결이 이루어져 색동 특유의 명쾌하고 밝은 느낌을 준다.

04
조형예술사 색채특징

고대

(1) 구석기 시대

• 주술적이고 종교적인 성향의 활동으로 나타난다.

• 황토의 황색, 산화철로부터 얻은 붉은색, 목탄의 검은색, 검붉은색 등을 사용한다.

• 대표작 : 빌렌도르프의 비너스

• 대표색채

YR/sf	YR/ltgy	YR/dl	N1.5	R/dp

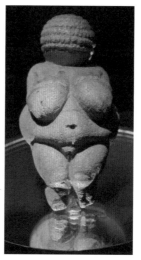

빌렌도르프의 비너스

(2) 이집트

• 상징성이 강한 상형문자를 사용하여 형식적이고 기호와 같은 이미지를 만들어 낸다.

• 넓은 사막지형과 강렬한 태양, 나일강 유역의 비옥한 토양이 주는 풍부한 색채이다.

• 적, 황, 청, 녹, 흑, 백 등 강하고 선명한 색채를 사용한다.

• 대표작 : 네페르티티

• 대표색채

Y	G/dp	N1.5	PB	YR/dp

네페르티티

(3) 그리스-로마

• 모자이크를 이용한 회화, 프레스코 벽화, 스테인드글라스 등으로 화려하게 나타난다.

• 색채의 사용은 매우 제한하며 생명력을 주는 다양한 색채의 부분 강조 기법을 사용한다.

• 대표작 : 파르테논 신전, 프레스코 벽화

• 대표색채

N8	N9.5	Y/ltgy	PB/gy	R/dp

파르테논 신전

프레스코 벽화

중세

(1) 르네상스

- 그리스, 로마 문예부흥운동으로 다시 태어난다는 부활의 의미를 가지고 있다.
- 색채가 풍부, 차분하고 가라앉는 색조로 사실적 표현이 특징이다.
- 대표작가 : 레오나르도 다빈치, 미켈란젤로, 보티첼리, 라파엘로 등
- 대표작 : 보티첼리의 '비너스의 탄생', 미켈란젤로의 '천지창조'
- 대표색채

PB/ltgy	BG/wh	Y/dl	R/dp	Y/dk

비너스의 탄생

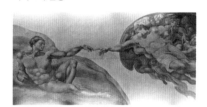

천지창조

(2) 바로크시대

- 르네상스와는 완전히 이질적인 양식으로 로마에서 처음 출현한다.
- 복잡한 구도와 곡선이 많이 사용한 화려한 색채가 특징이다.
- 역동적이고 남성적인 성향이 강하고 장중함과 위압감 표현이 특징이다.
- 대표작가 : 램브란트, 카라바지오, 니콜라 푸생, 루벤스 등
- 대표작 : 니콜라 푸생의 '사비니 여인들의 납치'
- 대표색채

B/dp	N1.5	YR/dk	PB/dk	YR/dp

사비니 여인들의 납치

(3) 로코코시대

- 섬세하고 화려한 장식, 사치스러운 성격을 지닌 귀족예술이다.
- 여성스러움의 대표색인 핑크 등 밝고 화려한 색채가 특징이다.
- 대표작가 : 프라고나르, 부셰, 와토 등
- 대표작 : 장 오노레 프라고나르의 '그네'
- 대표색채

RP/wh	PB/wh	RP/pl	PB/lt	P/ltgy

그네

근대

(1) 미술공예운동

• 수공예 중심의 미술운동이다.
• 아르누보 양식을 창출시키고 근대디자인 운동에 많은 영향을 미친다.
• 올리브그린, 크림색, 어두운 파랑, 황토색, 검은색의 톤이 어둡거나 칙칙한 색 또는 인디고 블루, 노랑, 보라를 이용한 명도대비와 색상대비가 특징이다
• 대표작가 : 윌리엄 모리스, 로제티, 번 존스 등
• 대표작 : 로제티의 '페르세포네'
• 대표색채

Y/dp	G/dk	BG/bk	Y/ltgy	PB/dk

페르세포네

(2) 사실주의

• 부르주와의 대두, 과학의 발전, 기독교의 권위추락 등과 밀접한 관계가 있다.
• 우아한 포즈나 미끈한 선, 이상적인 색채는 없으나 자연스럽고 균형 잡힌 구도로 안정감이 있다.
• 대상의 진실을 그대로 재현한다는 것 때문에 어둡고 무거운 톤의 색채가 주를 이룬다.
• 갈색, 황토색, 베이지, 검은색 등이 대표적 색채이다.
• 대표작가 : 오노레 도미에, 구스타브 쿠르베 등
• 대표작 : 오노레 도미에의 '삼등열차'
• 대표색채

N1.5	YR/bk	YR/dp	Y/dl	Y/ltgy

삼등열차

(3) 인상파

- 최초로 색을 도구화한 화파이다.
- 병치혼색의 회화적 표현인 점묘화법이 발달한다.
- 선명하고 밝은 색채가 특징이다.
- 대표작가 : 쇠라, 마네, 모네, 르누아르 등
- 대표작 : 에두아르 마네의 '풀밭 위의 점심'
- 대표색채

PB/lt	Y/wh	P/dl	YR/pl	R/dk

풀밭 위의 점심

(4) 야수파

- 인상파의 뒤를 이은 야수파는 색채가 표현의 도구뿐 아니라 주제의 이미지로도 사용된다고 주장한다.
- 강렬하고 단순한 색채가 특징이다.
- 빨강 · 노랑 · 초록 · 파랑 등의 원색을 굵은 필촉을 사용하여 병렬적으로 화면에 펼쳐 대담한 개성의 해방을 시도한다.
- 대표작가 : 앙리 마티스
- 대표작 : 앙리 마티스의 '붉은색의 조화'
- 대표색채

R	G	YR/dk	Y	PB/w

붉은색의 조화

(5) 비대칭 추상미술

- 칸딘스키는 야수파의 영향을 받았지만 그 강렬함을 뛰어넘어 대담하고 독창적인 작품을 보여준다.
- 무지개 원색에서부터 흑백의 명도 대비를 사용한다.
- 대표작가 : 바실리 칸딘스키
- 대표작 : 바실리 칸딘스키의 '흰색 위에 Ⅱ'
- 대표색채

N8	Y	N1.5	R	PB/dk

흰색 위에 Ⅱ

(6) 큐비즘(입체파)

- 추상과 재현 사이의 인위적인 경계선을 파괴한 20세기 전반에 중침축이 된 운동이다.
- 파블로 피카소는 인상파와 야수파의 영향을 받아 큐비즘에 이르러 색상의 대비와 색채를 보다 적극적으로 활용한다.
- 난색의 따뜻하고 강렬한 색을 주로 사용한다.
- 대표작가 : 파블로 피카소, 조르주 브라크 등
- 대표작 : 파블로 피카소의 '아비뇽의 처녀들'
- 대표색채

YR/wh	YR/pl	YR/dl	PB/pl	R/sf

아비뇽의 처녀들

(7) 바우하우스

- 1919년 월터 그로피우스를 중심으로 독일의 바이마르에 설립된 조형 학교이다.
- 합목적이며 간단한 '기본주의'를 추구하여 조형의 기초로 하고 기능과 관계없는 장식을 배제했기 때문에 '무장식 형태'가 조형 운동의 슬로건이다.
- 자연스럽고 단순한 색채가 특징이다.
- 대표작가 : 요하네스 이텐, 라이오넬 파이닝거 등
- 대표작 : 바우하우스 건축
- 대표색채

N9.5	N8	N6	Y/ltgy	YR/sf

바우하우스 건축

(8) 데스틸

- 네덜란드에서 생겨난 신조형주의 운동이다.
- 색면 구성을 강조하여 구성에 있어서 질서와 배분이 중요하게 작용한다.
- 색채는 순수한 원색으로 제한되었으며 강한 원색 대비가 특징이다.
- 대표작가 : 피엣 몬드리안, 테오 반 두스부르흐 등
- 대표작 : 피엣 몬드리안의 '빨강, 파랑, 노랑의 구성'
- 대표색채

N9.5	N1.5	R/vv	Y/vv	PB/vv

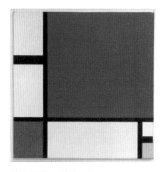

빨강, 파랑, 노랑의 구성

(9) 아르누보

- 1890년경부터 약 20년간 벨기에와 프랑스를 중심으로 전개된 장식미술운동이다.
- 곡선적이며 동적인 식물무늬가 많은 장식 위주의 디자인운동이다.
- 인상주의의 영향을 받아 환하고 연한 파스텔계통의 부드러운 색조가 유행 섬세한 분위기가 특징이다.
- 대표작가 : 알폰스 마리아 무하, 빅토르 오르타, 구스타프 클림트 등
- 대표작 : 알폰스 마리아 무하의 '아침, 점심, 저녁, 밤'
- 대표색채

Y/wh	YR/pl	Y/sf	GY/ltgy	P/pl

아침, 점심, 저녁, 밤

(10) 아르데코

- 공업적 생산방식을 미술과 결합시킨 기능적이고 고전적인 직선미를 추구한다.
- 직선, 동심원, 기하학적인 형태와 반복패턴을 사용한다.
- 데스틸운동의 신조형주의와 바우하우스운동의 기능주의에 자극을 받아 기능성과 단순화를 추구하며 야수파의 영향을 받아 20세기로 향하는 강렬한 색조가 특징이다.
- 검정, 회색, 녹색의 조합과 갈색, 크림색, 주황의 조합이 대표적이다.
- 대표작가 : 타마라 드 렘피카, 카상드르, 폴 푸아레, 소니아 들로네 등
- 대표작 : 타마라 드 렘피카의 '장갑을 낀 여인'
- 대표색채

G	N1.5	N7	PB/vv	Y/dp

장갑을 낀 여인

(11) 구성주의

- 러시아의 구성주의는 제1차 세계대전을 전후로 기계문명의 승리를 조형에서 확인하려는 '기계예찬'의 경향으로 시작한다.
- 기하학적 패턴과 잘 조화되어 단순하면서도 세련된 느낌이다.
- 대표작가 ; 카지미르 말레비치, 바실리 칸딘스키
- 대표작 : 카지미르 말레비치의 '시골 소녀의 머리'
- 대표색채

PB/bk	GY/dp	G/ltgy	Y/dl	GY/dl

시골 소녀의 머리

(12) 아방가르드

- 원래 군대 용어로 주력부대의 전진을 위한 전위대를 의미한다.
- 예술에서는 급격한 진보적 성향을 일컫는 말로서 시대사조이자 예술 행위의 한 형태이다.
- 색채는 앞선 색채를 지향한다. 시대에 앞선 지금 사용되지 않는 색을 그 주조색으로 사용한다.
- 대표작가 : 이브 클라인, 막스 에른스트 등
- 대표작 : 막스 에른스트의 '셀레베즈의 코끼리'
- 대표색채

N1.5	GY/dp	R/dk	B/dp	R/dp

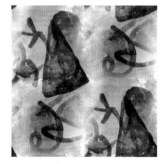

셀레베즈의 코끼리

(13) 미래주의

- 기존의 낡은 예술의 부정과 기계세대에 어울리는 새로운 다이나믹한 미를 창조하는 운동이다.
- 금속, 알루미늄, 우레탄, 형광섬유, 비닐 등의 하이테크한 소재 색채와 금속성 광택의 인공적 소재의 색채로 표현한다.
- 대표작가 : 자코모 발라, 움베르토 보치오니, 카를로 카라, 카지미르 말레비치 등
- 대표작 : 움베르토 보치오니의 '갤러리에서의 폭동'
- 대표색채

N9.5	Y	PB/lt	N5	PB/ltgy

갤러리에서의 폭동

현대

(1) 다다이즘

- 제1차 세계대전 이후 부르주아 사상의 붕괴 및 기존의 사상과 전통에 반기를 들고 새롭고 파격적이면서도 자유로운 형태를 지향한다.
- 재료의 영역을 확장하여 콜라주와 인쇄매체 등의 재료를 자유롭게 사용한 것으로 유명하다.
- 일반적으로 어둡고 칙칙하며 낡거나 우중충한 색채를 사용하며 극단적인 원색대비를 사용한다.
- 대표작가 : 마르셀 뒤샹, 프란시스 피카비아 등
- 대표작 : 마르셀 뒤샹의 '계단을 내려오는 누드'
- 대표색채

YR/dkgy	N1.5	Y/ltgy	YR/gy	GY/gy

계단을 내려오는 누드

(2) 초현실주의

- 무의식의 세계 내지는 꿈의 세계의 표현을 지향하는 20세기 문학 예술사조이다.
- 초현실적이고 비합리적인 자유로운 상상을 추구한다.
- 몽환적 색채와 연결되는 고명도의 밝은 색채가 특징이다.
- 대표작가 : 살바도르 달리, 르네 마그리트, 호안미로 등
- 대표작 : 살바도르 달리의 '기억의 고집'
- 대표색채

YR/dp	YR/ltgy	PB/dp	R/bk	YR/sf

기억의 고집

(3) 옵아트

- '옵티컬 아트(Optical Art)'를 줄인 용어로 '시각적인 미술'의 약칭이라 할 수 있다.
- '망막의 미술'과 '지각적 추상'이라는 다른 명칭으로도 불린다.
- 흑, 백이 많이 사용되었으며 색채의 원근법이 활용된다.
- 대표작가 : 빅토르 바자렐리, 요셉 앨버스, 브리짓 라일리 등
- 대표작 : 빅토르 바자렐리의 작품
- 대표색채

Y/vv	R/vv	B/wh	P/bk	PB/dp

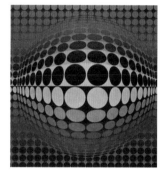

빅토르 바자렐리의 작품

(4) 팝아트

- 1950~60년대 현대 산업사회의 특징인 대중문화 속에 등장하는 이미지를 미술로 수용한 사조이다. 예술성 그 자체의 의미보다는 광고, 산업 디자인, 사진술, 영화 등 대중예술 매개체의 유행성에 대하여 새로운 태도로 언급된 명칭이다.
- 전체적으로 어두운 톤을 사용하며 그 위에 혼란한 강조색을 사용한다.
- 대표작가 : 로이 리히텐슈타인, 앤디 워홀, 리처드 해밀터 등
- 대표작 : 로이 리히텐슈타인의 '음 어쩌면'
- 대표색채

Y	R	B/bk	PB/dp	YR/sf

음 어쩌면

(5) 미니멀리즘

- 1960년대 후반에 단순함과 간결함을 추구하는 예술과 문화적인 흐름으로 '최소한의 예술'이라 불린다.
- 단순한 기하학적 형태로 단순한 색을 사용하면서 한눈에 띄는 색을 사용하여 극단적인 간결성을 강조한다.
- 대표작가 : 도널드 저드, 프랭크 스텔라, 댄 플래빈 등
- 대표작 : 도널드 저드의 '무제'
- 대표색채

N9.5	N8	N1.5	N5	YR/dl

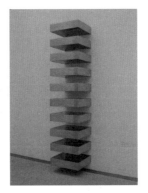

무제

(6) 플럭서스

- 흐름, 끊임 없는 변화, 움직임을 뜻하는 라틴어로 1960~70년대 걸쳐 일어난 국제적인 전위 예술 운동이다.
- 전반적으로 회색조를 이루며 색이 사용된 경우 역시 어두운 톤이 주를 이루는 경우가 많다. 또한 원색이 사용되는 경우는 조화되지 않는 불안한 느낌의 적색을 주로 사용한다.
- 대표작가 : 백남준 등
- 대표작 : 백남준의 '전기 고속도로'
- 대표색채

R	Y	R/bk	PB/dk	B/wh

전기 고속도로

(7) 페미니즘

- 여성의 지위와 역할을 남성과 평등한 위치로 회복하고자 했던 여성해방운동이다.
- 사회적인 여성의 권위를 주장하는 것처럼 흑, 백, 원색의 대비를 강하게 사용하거나 남성의 복장색을 여성에게 적용시키기도 한다.
- 대표작가 : 프리다 칼로, 신디 셔먼 등
- 대표작 : 프리다 칼로의 '땋은 머리를 이고 있는 자화상'
- 대표색채

YR	GY/dl	Y/sf	R/dp	P/bk

땋은 머리를 이고 있는 자화상

(8) 포토리얼리즘

- 사진과 같이 극명한 화면을 구성하는데 주로 의미 없는 장소, 친구, 가족 등이 표현대상이다.
- 사진과 같은 극명한 화면을 구상하기 위해 원색적이고 자극적인 색이 주를 이룬다.
- 대표작가 : 리차드 에스티즈, 오드리 플랙, 척 클로즈 등
- 대표작 : 오드리 플랙의 '퀸'
- 대표색채

R	Y/w	YR/sf	YR/dl	PB/bk

퀸

(9) 포스트모더니즘

- 혁신적인 현상들이 나타남에 따라 기존의 가치 체계나 도덕이 효력을 상실하게 되고 새로운 것을 찾으려는 분위기 속에서 발달 하였다.
- 20세기 중후반에 일어난 문예 운동으로 때에 따라 남의 작품의 이미지를 빌려 오거나 그 기법을 이용해 작품을 만든다.
- 무채색에 가까운 파스텔 톤이 주를 이루며 선호 색채는 복숭아색, 살구색, 올리브그린, 청록색, 보라색 등이 있다.
- 대표작가 : 샌디 스코글런드, 세리 레빈, 크리스티앙 볼탕스키 등
- 대표작 : 세리 레빈의 '샘'
- 대표색채

YR/pl	R/sf	Y/sf	Y/dp	GY/dl

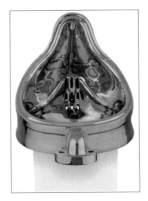

샘

(10) 키치

- 원래는 낡은 가구를 주워 모아 새로운 가구를 만든다는 뜻으로 저속한 모방예술을 의미한다.
- 고의로 속악(俗惡)하고 저급하게 표현한 이미지이며 통상관념을 벗어나는 표현을 할 때 주로 사용한다.
- 채도, 명도가 비교적 낮은 톤의 배색을 사용하고 어두운 색이나 회색 계열의 색을 강조색으로 사용함으로써 미묘한 변화를 줄 수 있다. 지나치게 콘트라스트가 크면 명쾌한 느낌이 강해져 혼잡한 이미지가 사라지게 되므로 주의해야 한다.
- 대표작가 : 제프 쿤스, 블라디미르 트레치코프 등
- 대표작 : 블라디미르 트레치코프의 '중국인 소녀'
- 대표색채

RP/vv	PB	Y/lt	BG/dl	YR/dl

중국인 소녀

(11) 해체주의

· 파괴 또는 해체, 풀어헤침의 행위적 관점에서의 부정적 경향이 강한 예술사조이다.

· 강렬한 색 또는 재질에 의해 강렬한 주제가 대변된다.

· 대표작가 : 프랭크 게리, 버나드 추미 등

· 대표작 : 프랭크 게리의 '춤추는 빌딩'

· 대표색채

N6	N9.5	N1.5	N8	YR/ltgy

춤추는 빌딩

05
배색기법

배색이란 디자인에서 색이 적용될 때 두 가지 이상의 색이 조화되어 쓰이는 것을 말한다.

배색의 목적은 여러 가지 색을 의도적으로 조합하여 디자인의 효과를 높이는 데 있으므로 색의 3속성인 색상, 명도, 채도와 톤의 관계 등을 잘 생각하여야 한다.

(1) 색상 · 색조에 따른 배색

• 동일색상배색

하나의 색상만 배색하는 것으로 동일한 색상에 색조만 다른 색들로 배색하는 것을 말한다.

• 유사색상배색

하나의 색상을 기준으로 주변의 색상을 함께 배색 한 것으로 색상환에서 30° 사이의 인접한 색상을 이용한 배색을 말한다.

• 반대색상배색

색상환을 기준으로 하나의 색상의 반대위치 색상을 말한다. 삼색보색, 근접보색, 정보색이 있다.

• 동일색조배색

하나의 색조로 배색하는 것을 말한다.

- **유사색조배색**

  하나의 색조 기준으로 주변의 색조를 함께 배색하는 것을 말한다.

PB/ltgy   PB/sf   PB/gy

- **반대색조배색**

  서로 간에 반대 위치의 색조로 배색하는 것을 말한다.

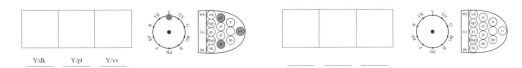

Y/dk   Y/pl   Y/vv

빈칸에 1×1cm 크기로 해당 색지를 부착한 후 배색방법에 맞게 붙여 완성한다.

- **동일색상 + 유사색조**

  R/lt   R/pl

- **동일색상 + 반대색조**

  PB/ltgy   PB

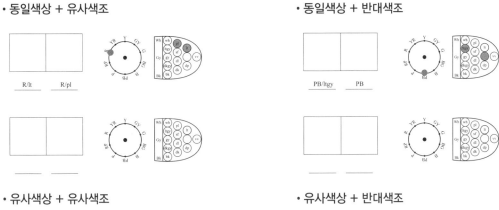

- **유사색상 + 유사색조**

  YR/dl   R/dp

- **유사색상 + 반대색조**

  BG/lt   PB/gy

- **반대색상 + 동일색조**

  GY/lt   P/lt

- **반대색상 + 유사색조**

  GY/sf   P/dl

- **반대색상 + 반대색조**

  GY/pl   P/dp

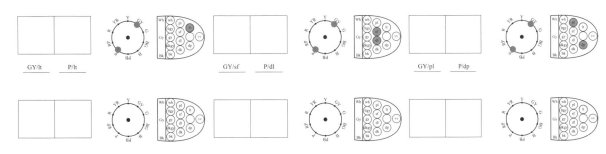

(2) 베이스컬러(주조색)와 어소트컬러(보조색)

베이스컬러는 그 이미지의 중심이 되고 가장 큰 면적을 차지하는 배경색이다.
어소트컬러나 악센트컬러에 따라 배색 전체의 이미지를 발전시킨다.
[주조색 70% · 보조색 20~30% · 강조색 5~10%]

(3) 악센트컬러 Accent

악센트란 '강조하다', '돋보이게 하다', '눈에 띄다'의 의미이다.

• 배색연습 – 주조색 · 보조색 · 강조색(base color & assort color & accent color)

(4) 세퍼레이션 Separation

세퍼레이션이란 '분리시키다', '갈라놓다'의 의미로 너무 가까운 색끼리의 배색은 그 관계가 불분명하므로 인접하는 색과 색 사이에
세퍼레이션 컬러를 삽입함으로써 조화를 구하는 기법이다. 저채도, 무채색에서 고른다. 자신은 강조되지 않고 분리만 시킨다.

• 배색연습 – 세퍼레이션(Separation)
　애매한 관계의 배색 경우

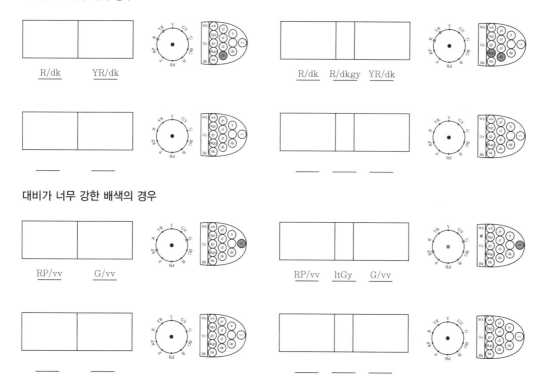

대비가 너무 강한 배색의 경우

(5) 그러데이션 Gradation

그러데이션이란 '서서히 변화하는 것', '단계적인 변화'의 의미이다. 색채를 단계별로 배열함으로서 시각적인 유목감, 유인감을 주는 것을 그러데이션 효과라고 하며 3색 이상의 다색배색에서 이와 같은 효과를 사용한 배색을 그러데이션 배색이라고 한다. 그러데이션 배색을 색의 3속성별로 파악하면 색상 그러데이션, 명도 그러데이션, 채도 그러데이션, 톤 그러데이션의 4가지로 요약할 수 있다.

• 배색연습 – 그러데이션(Gradation)

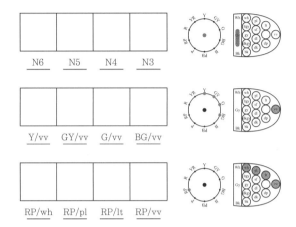

N6　N5　N4　N3

Y/vv　GY/vv　G/vv　BG/vv

RP/wh　RP/pl　RP/lt　RP/vv

(6) 레피티션 Repetition

레피티션이란 '되풀이', '반복'을 의미하고, 2색 이상을 사용하여 통일감이 결여된 배색에 일정한 질서와 조화를 주는 기법으로 리듬감과 율동감을 주는 배색이다. 타일의 배색이나 체크무늬의 배색 등에서 볼 수 있다.

• 배색연습 – 레피티션(Repetition)

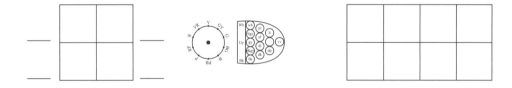

(7) 도미넌트 Dominant

도미넌트란 '지배적인', '우세한', '주도적인'이라는 의미로 색, 형, 질감 등에 공통한 조건을 갖춤으로써 전체에 통일감을 주는 원리이다. 동일색상에 의한 도미넌트 컬러배색과 동일색조에 의한 도미넌트 톤배색으로 구분된다. 도미넌트 배색은 통일감, 친근감을 준다. 도미넌트 컬러배색은 동일, 유사색상으로 도미넌트 톤배색은 색상은 자유롭게 톤을 통일해 이미지의 공통성을 준다.

• 배색연습 – 색상의 도미넌트(Hue Dominant)

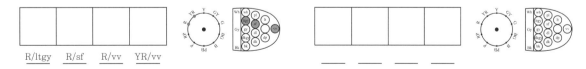

R/ltgy　R/sf　R/vv　YR/vv

• 배색연습 – 색조의 도미넌트(Tone Dominant)

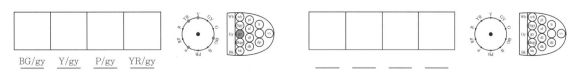

BG/gy　Y/gy　P/gy　YR/gy

(8) 톤온톤 배색 Tone on Tone

톤온톤 배색은 '톤을 중복한다', '톤을 겹친다'라는 의미로 동일 색상에서 두 가지 톤의 명도차를 비교적 크게 둔 배색이다. 톤온톤 배색은 부드러우며 정리되고 안정된 이미지를 준다. 색상은 동일색상이나 유사색상의 범위에서 선택할 수 있다.

• 배색연습 – 톤온톤 배색(Tone on Tone)

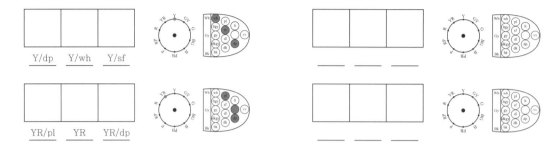

Y/dp　Y/wh　Y/sf

YR/pl　YR　YR/dp

(9) 톤인톤 배색 Tone in Tone

톤인톤 배색은 근사한 톤의 조합에 의한 배색기법으로 색상은 동일·유사색상의 범위 내에서 명도차를 가깝게 한 배색이다. 또, 톤은 통일하고 색상은 비교적 자유로운 배색도 톤인톤 배색에 포함시킨다. 톤인톤 배색은 부드럽고 온화한 효과를 낼 수 있다.

• 배색연습 – 톤인톤 배색(Tone in Tone)

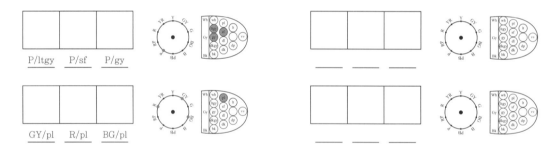

P/ltgy　P/sf　P/gy

GY/pl　R/pl　BG/pl

(10) 토널 배색 Tonal

토널의 의미는 톤의 형용사형으로 '색의 어울림', '색조'를 뜻한다. 토널 배색은 특히 중명도·중채도의 중간색 계열의 dull tone을 기본으로 한 배색이다. 토널 배색은 중~저채도 영역의 비교적 색이 약한 톤(sf, dl)이 중심이 된다. 이와 같이 채도를 낮춘 배색은 각각의 색에서 받는 인상보다도 배색 전체를 지배하는 톤에 의해 이미지가 정해진다. 토널 배색은 전체적으로 차분하고 안정적이며 성숙된 느낌을 준다.

• 배색연습 – 토널 배색(Tonal)

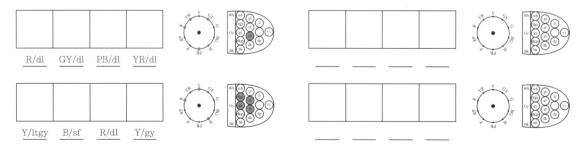

R/dl　GY/dl　PB/dl　YR/dl

Y/ltgy　B/sf　R/dl　Y/gy

(11) 멀티컬러 배색 Multicolor

멀티컬러 배색은 고채도의 다양한 색상으로 배색하는 것이며 적극적이고 활동적인 배색이다.

• 배색연습 – 멀티컬러 배색(Multicolor)

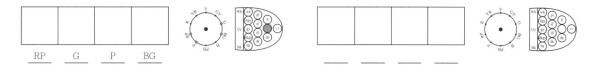

(12) 카마이유 배색 Camaieu

카마이유 배색은 색상과 색조의 차가 거의 근사한 희미한 배색기법으로 톤인톤 배색과 같은 종류이다. 카마이유 배색은 안정적이고 부드러운 느낌을 주며 거의 가까운 색을 사용하여 미묘한 색의 차이로 애매하게 보이는 것이 특징이다.

• 배색연습 – 카마이유 배색(Camaieu)

(13) 포카마이유 배색 Faux Camaieu

포카마이유 배색의 "포"는 불어로 '가짜의', '거짓의' 의미이고 카마이유 배색이 거의 동일색상인 것에 대하여 색상이나 색조에 약간 변화를 준 것이 포카마이유 배색이다.

• 배색연습 – 포카마이유 배색(Faux Camaieu)

(14) 트리콜로 배색 Tricolore

트리는 프랑스어로 '3'의 의미이고 콜로(colore)는 '색'을 의미한다. 3색 배색을 트리콜로 배색이라고 한다. 트리콜로 배색(비콜로 배색도)은 국기의 색에 특징적으로 사용되어 확실하고 명쾌한 배색을 나타낸다.

• 배색연습 – 트리콜로 배색(Tricolore)

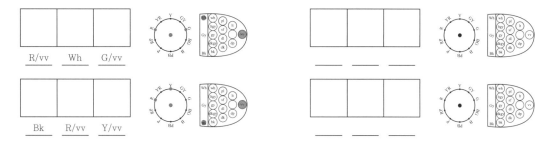

(15) 비콜로 배색 Bicolore

비콜로란 프랑스어로 '2색의'라는 의미로 영어의 바이컬러(bicolor) 배색과 똑같은 의미이다. 순색과 무채색의 배색, 명도차가 많이 나는 것이 효과적이다.

・배색연습 − 비콜로 배색(Bicolore)

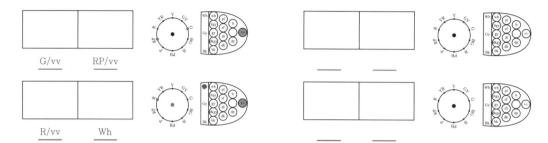

    G/vv   RP/vv

    R/vv   Wh

06
형용사 이미지배색

이미지배색은 형용사 이미지에 따라 객관화된 이미지를 색상과 색조를 다르게 하여 감성
배색한 것이다. 형용사 언어에 대한 구체적이고 객관화된 이미지의 색상과 색조의 특징을
파악하고 그에 따른 배색방법을 통해 배색이미지를 연습하여 미묘한 언어에 따른 배색이
미지를 표현한다.

이미지 스케일

색이 갖는 이미지에 대한 공통된 느낌을 형용사로 표현하고 그것의 위치를 설정하여 객관
화한 것이 이미지 스케일이다. 아래는 12개의 대표 형용사로 이미지 스케일을 구성하고 있다.

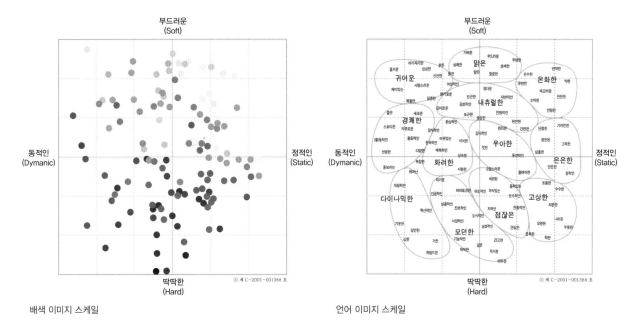

배색 이미지 스케일   언어 이미지 스케일

동적인 이미지배색
Dynamic

고채도의 색조를 지니고 있어 생동감 있고 명쾌한 이미지배색에 적합하다.

KEYWORD 경쾌한, 다이나믹한, 활동적인, 따뜻한, 화려한, 역동적인, 귀여운, 캐주얼한

정적인 이미지배색
Static

대부분 저채도 배색으로 차분하고 수수한 이미지의 배색이다. 무채색이 혼합되어 세련된 이미지를 지니는 배색에 적합하다.

KEYWORD 은은한, 온화한, 점잖은, 차가운, 차분한, 모던한, 우아한, 고상한

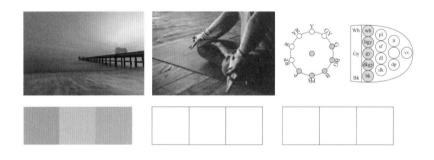

귀여운 이미지배색
Pretty

어리고 발랄한 이미지의 배색이다. soft, light, pale 톤이 주를 이루며 밝고 부드러운 노랑, 주황, 연두, 분홍 등의 따뜻한 계열과 파랑, 보라와 같은 차가운 계열의 색상을 함께 배색하면 귀엽고 달콤한 이미지를 표현할 수 있다.

KEYWORD 사랑스러운, 달콤한, 아기자기한, 즐거운, 쾌활한, 재미있는

경쾌한 이미지배색
Cheerful

순색이나 순색에 가까운 강한 톤을 사용하여 축제와 같은 화려한 분위기를 연출한다. 다양한 색상이 조화롭게 배색되었을 때 화려한 느낌이 더욱 강조된다. 순색의 vivid 톤이 주를 이루며 기본, light 톤을 주로 배색한다.

KEYWORD 활동적인, 스포티한, 젊은, 자유로운, 선명한

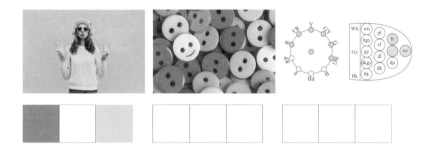

다이나믹한 이미지배색
Dynamic

대담함, 강렬함, 강한 에너지 등이 강조된 배색이다. 배색의 조합에서 대조가 심한 색조를 사용함으로써 강렬한 인상을 주도록 배색한다. vivid, 기본 톤의 고채도 색상과 blackish 톤의 저명도 · 저채도 색상의 배색으로 역동적이고 대담한 이미지를 연출한다.

KEYWORD 강한, 와일드한, 혁신적인, 역동적인, 거친, 개성 있는

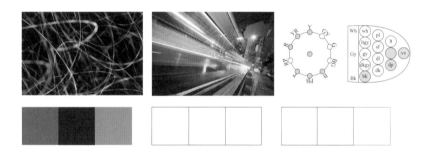

맑은 이미지배색
Pure

고채도의 한색으로 표현되는 투명한 이미지가 포함된 배색이다. 밝고 부드러운 톤을 주로 사용하며 흰색을 사용하여 깨끗하고 맑은 느낌을 주는 배색을 한다. whitish, pale 톤의 밝고 연한 색상과 선명한 vivid의 한색 계열의 색상을 주로 사용하여 이미지를 연출한다.

KEYWORD 가벼운, 얕은, 투명한, 깨끗한, 부드러운, 상쾌한

온화한 이미지배색
Mild

밝은 회색이나 중간 회색과 혼합된 흐릿하고 탁한 색들은 온화하고 차분한 이미지를 갖는다. 명도가 낮은 중·저채도의 pale, light grayish, soft 톤은 이용하여 밝고 수수한 이미지를 연출한다.

KEYWORD 순수한, 유연한, 잔잔한, 연약한, 소박한

은은한 이미지배색
Peaceful

단아하고 심플, 시크한 이미지를 지닌 배색이다. 명도는 밝고 가벼운 색이지만 채도가 낮아 색감이 크게 느껴지지 않은 은은한 배색이다. soft, light grayish, grayish 톤이 주를 이루고 있지만 탁한 이미지보다 그윽하고 정적인 이미지를 연출한다.

KEYWORD 정적인, 그윽한, 단정한, 심플한

내추럴한 이미지배색
Natural

친근하고 소박한 자연의 이미지이다. 자연에서 찾을 수 있는 색으로 베이지 옐로, 카키, 그린, 브라운 계열의 색상으로 유사배색을 하고 톤은 차분한 soft, dull, light grayish 톤이 주를 이루도록 배색한다.

KEYWORD 자연적인, 친근한, 편안한, 전원적인

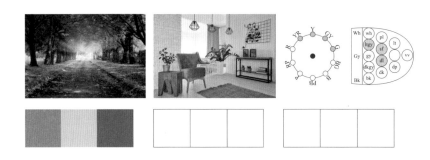

우아한 이미지배색
Elegant

가볍고 온화한 느낌과 차분하고 약간 밝은 톤과 약간 어두운 톤으로 배색한다. 저채도의 부드러운 색조를 띠며 색상의 대조를 약하게 하여 섬세한 느낌을 준다. whitish, light grayish, grayish, soft 톤에 보라 계열을 주로 활용하여 정적이고 고급스러운 이미지를 연출한다.

KEYWORD 여성스러운, 기품 있는, 세련된, 고급스러운, 감각적인

고상한 이미지배색
Antique & Noble

고급스러우면서도 낡은 듯한 이미지의 배색이다. 늦가을의 풍경처럼 익숙하고 안정된 이미지의 배색이다. 어둡고 무거운 톤과 화려한 톤의 조합을 통일성있게 사용한다. 중 · 저채도의 light grayish, grayish, dull, dark 톤이 주를 이루지만 무겁고 딱딱하기보다는 차분하고 안정감있는 고풍스러운 이미지를 연출한다.

KEYWORD 차분한, 고전적인, 클래식한, 원숙한, 조용한

화려한 이미지배색
Luxurious & Gorgeous

고채도이지만 명도는 낮아 차분하면서도 성숙한 이미지를 지닌 배색이다. 기본, deep 톤 등으로 강하지만 빨강 계열이나 보라 계열이 주를 이루어 화려하고 성숙한 여성의 이미지를 지니게 된다.

KEYWORD 성숙한, 장식적인, 매력적인, 요염한

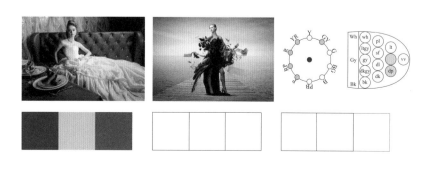

점잖은 이미지배색
Courtesy

명도와 채도가 낮은 톤이 주를 이루어 크고, 무겁고, 단단한 느낌이 드는 배색이다. 전체가 칙칙해 보이지 않도록 어느 정도의 명도대비가 반드시 필요한 배색이다. 저명도인 grayish, dark grayish, dark, deep 톤과 무채색을 주로 하여 정적인 이미지의 배색을 표현한다.

KEYWORD 격식 있는, 지적인, 전통적인, 품위 있는, 건실한

모던한 이미지배색
Modern

도회적인 감성과 첨단의 분위기, 진취적이고 개성이 강한 이미지의 배색이다. 화이트, 블랙 등의 무채색과 한색 계열 중심의 선명하고 무거운 톤이 강하고 심플한 배색을 연출한다.

KEYWORD 도시적인, 현대적인, 딱딱한

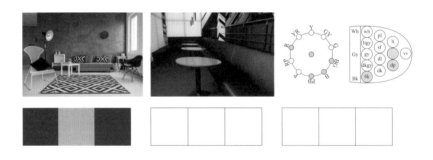

07
오차보정

색차는 두 색 간의 차이를 말한다. CIE LAB에서의 색좌표는 L*, a*, b*로 표시하게 되며 두 색의 차이는 ΔE 또는 ΔE^*ab를 주로 사용하며 두 색 수치의 차를 제곱하여 루트값을 계산하면 된다.

CIE L*a*b* 색 공간에서 L*은 Lightness로서 밝기를 나타낸다. L* = 0이면 검은색이며 L* = 100이면 흰색을 나타낸다. a*는 빨강과 초록 중 어느 쪽으로 치우쳤는지를 나타낸다. a*가 음수(−)이면 초록을 양수(+)이면 빨강을 나타낸다. b*는 노랑과 파랑을 나타낸다. b*가 음수(−)이면 파랑이고 b*가 양수(+)이면 노랑이다.

• CIE L*a*b* 색 공간

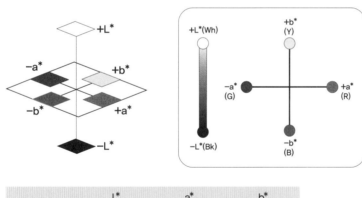

	L*	a*	b*
+	White	Red	Yellow
−	Black	Green	Blue

• 색차 구하는 공식

$$\Delta E^*ab = \sqrt{(\Delta L^*)^2 + (\Delta a^*)^2 + (\Delta b^*)^2}$$

$$\Delta L^* = L1 - L2$$
$$\Delta a^* = a1 - a2$$
$$\Delta b^* = b1 - b2$$

• 보정 방법

보정은 시료색이 기준색에 근접하기 위해 앞의 ( )에는 색상을, 뒤의 ( )에는 수치를 적는다.

오차값이 '0'인 경우는 "보정하지 않는다."라고 적는다.

> L : (White / Black)을 ( )만큼 (밝게, 어둡게) 보정한다.
> a : (Red / Green)을 ( )만큼 보정한다.
> b : (Yellow / Blue)을 ( )만큼 보정한다.

• 오차보정 예제문제 풀이 _ 기사

	기준색	A시료색	B시료색
L*	45	47	44
a*	−12	−14	−10
b*	−45	−42	−45

1. 제시된 시료색의 A, B의 ΔE값을 구하시오.
   (소수점 셋째 자리수에서 반올림)

2. 시료색 A, B 중에서 기준색에 더 가까운 것은?

3. 기준색과 비교하여 오차값이 적은 시료색을 보정하시오.
   L: ( )을 ( )만큼 (밝게, 어둡게) 보정한다.
   a: ( )을 ( )만큼 보정한다.
   b: ( )을 ( )만큼 보정한다.

1. A=4.12   B=2.24

2. B시료색

3. L: (White)를 (1)만큼 밝게 보정한다.
   a: (Green)을 (2)만큼 보정한다.
   b: 보정하지 않는다.

▶ A시료색 색차 ΔE값은 비교할 대상의 큰수에서 작은 수를 뺀다.
$$A = \sqrt{(47-45)^2 + (14-12)^2 + (45-42)^2}$$
$$= \sqrt{(2)^2 + (2)^2 + (3)^2}$$
$$= \sqrt{4 + 4 + 9}$$
$$= \sqrt{17} = 4.12310\ldots\ldots$$
$$= 4.12$$

▶ B시료색 색차 ΔE값은 위와 같은 방법으로 진행한다.
$$B = \sqrt{(45-44)^2 + (12-10)^2 + (45-45)^2}$$
$$= \sqrt{(1)^2 + (2)^2 + (0)^2}$$
$$= \sqrt{1 + 4 + 0}$$
$$= \sqrt{5} = 2.23606\ldots.$$
$$= 2.24$$

• 오차보정 예제문제 풀이 _ 산업기사

	L*	a*	b*
기준색	61.7	−25.5	51.5
시료색	61.7	−23.5	53.5

1. 표에서 제시한 기준색과 시료색의 ΔE값을 구하시오.
   (소수점 셋째 자리수에서 반올림)

2. 시료색을 기준색에 근접하도록 보정하시오.
   L: ( )을 ( )만큼 (밝게, 어둡게) 보정한다.
   a: ( )을 ( )만큼 보정한다.
   b: ( )을 ( )만큼 보정한다.

1. 2.83

2. L: 보정하지 않는다.
   a: (Green)을 (2)만큼 보정한다.
   b: (Blue)를 (2)만큼 보정한다.

▶ A시료색 색차 ΔE값은 비교할 대상의 큰수에서 작은 수를 뺀다.
$$\sqrt{(61.7-61.7)^2 + (25.5-23.5)^2 + (53.5-51.5)^2}$$
$$= \sqrt{(0)^2 + (2)^2 + (2)^2}$$
$$= \sqrt{0 + 4 + 4}$$
$$= \sqrt{8} = 2.8284\ldots\ldots$$
$$= 2.83$$

• **오차보정 연습문제 _ 기사**

	기준색	A시료색	B시료색
L*	71.2	75.3	71.5
a*	11.3	12.7	8.2
b*	2.8	4.1	−2.1

1. 제시된 시료색의 A, B의 ⊿E값을 구하시오.
   (소수점 셋째 자리수에서 반올림)

2. 시료색 A, B 중에서 기준색에 더 가까운 것은?

3. 기준색과 비교하여 오차값이 적은 시료색을 보정하시오.
   L* :
   a* :
   b* :

	기준색	A시료색	B시료색
L*	75.5	71.2	77.2
a*	−15.3	−13.8	−17.5
b*	51.3	48.6	52.3

1. 제시된 시료색의 A, B의 ⊿E값을 구하시오.
   (소수점 셋째 자리수에서 반올림)

2. 시료색 A, B 중에서 기준색에 더 가까운 것은?

3. 기준색과 비교하여 오차값이 적은 시료색을 보정하시오.
   L* :
   a* :
   b* :

	기준색	A시료색	B시료색
L*	60.9	58.3	58.9
a*	−19.1	−21.2	−17.5
b*	6.7	3.7	8.9

1. 제시된 시료색의 A, B의 ⊿E값을 구하시오.
   (소수점 셋째 자리수에서 반올림)

2. 시료색 A, B 중에서 기준색에 더 가까운 것은?

3. 기준색과 비교하여 오차값이 적은 시료색을 보정하시오.
   L* :
   a* :
   b* :

	기준색	A시료색	B시료색
L*	45.6	42.1	53.7
a*	−16.8	−10.7	−17.5
b*	−2.4	−3.2	1.2

1. 제시된 시료색의 A, B의 ⊿E값을 구하시오.
   (소수점 셋째 자리수에서 반올림)

2. 시료색 A, B 중에서 기준색에 더 가까운 것은?

3. 기준색과 비교하여 오차값이 적은 시료색을 보정하시오.
   L* :
   a* :
   b* :

	기준색	A시료색	B시료색
L*	57.6	50.9	60.2
a*	−6.2	0.3	−7.2
b*	22.1	17.5	30.6

1. 제시된 시료색의 A, B의 ⊿E값을 구하시오.
   (소수점 셋째 자리수에서 반올림)

2. 시료색 A, B 중에서 기준색에 더 가까운 것은?

3. 기준색과 비교하여 오차값이 적은 시료색을 보정하시오.
   L* :
   a* :
   b* :

• 오차보정 연습문제 정답 _ 산업기사

	L*	a*	b*
기준색	43	2.8	27
시료색	41.8	−1	30.3

1. 표에서 제시한 기준색과 시료색의 ⊿E값을 구하시오.
(소수점 셋째 자리수에서 반올림)

2. 시료색을 기준색에 근접하도록 보정하시오.
 L*:
 a*:
 b*:

	L*	a*	b*
기준색	69.5	−29	11.5
시료색	66	−32.5	9

1. 표에서 제시한 기준색과 시료색의 ⊿E값을 구하시오.
(소수점 셋째 자리수에서 반올림)

2. 시료색을 기준색에 근접하도록 보정하시오.
 L*:
 a*:
 b*:

	L*	a*	b*
기준색	41	3.7	29
시료색	42	−1.7	27.7

1. 표에서 제시한 기준색과 시료색의 ⊿E값을 구하시오.
(소수점 셋째 자리수에서 반올림)

2. 시료색을 기준색에 근접하도록 보정하시오.
 L*:
 a*:
 b*:

	L*	a*	b*
기준색	81.7	−3	17.5
시료색	78.5	1.6	21

1. 표에서 제시한 기준색과 시료색의 ⊿E값을 구하시오.
(소수점 셋째 자리수에서 반올림)

2. 시료색을 기준색에 근접하도록 보정하시오.
 L*:
 a*:
 b*:

	L*	a*	b*
기준색	68	17.3	−43
시료색	66.4	16	−40.2

1. 표에서 제시한 기준색과 시료색의 ⊿E값을 구하시오.
(소수점 셋째 자리수에서 반올림)

2. 시료색을 기준색에 근접하도록 보정하시오.
 L*:
 a*:
 b*:

• **오차보정 연습문제 _ 기사**

	기준색	A시료색	B시료색
L*	71.2	75.3	71.5
a*	11.3	12.7	8.2
b*	2.8	4.1	−2.1

1. 제시된 시료색의 A, B의 ΔE값을 구하시오.
   (소수점 셋째 자리수에서 반올림)   A=4.52   B=5.81
2. 시료색 A, B 중에서 기준색에 더 가까운 것은?
   A시료색
3. 기준색과 비교하여 오차값이 적은 시료색을 보정하시오.
   L*: (Black   )을 (4.1   )만큼 보정한다.
   a*: (Green   )을 (1.4   )만큼 보정한다.
   b*: (Blue   )를 (1.3   )만큼 보정한다.

	기준색	A시료색	B시료색
L*	75.5	71.2	77.2
a*	−15.3	−13.8	−17.5
b*	51.3	48.6	52.3

1. 제시된 시료색의 A, B의 ΔE값을 구하시오.
   (소수점 셋째 자리수에서 반올림)   A=5.29   B=2.95
2. 시료색 A, B 중에서 기준색에 더 가까운 것은?
   B시료색
3. 기준색과 비교하여 오차값이 적은 시료색을 보정하시오.
   L*: (Black   )을 (1.7   )만큼 보정한다.
   a*: (Red   )를 (2.2   )만큼 보정한다.
   b*: (Blue   )를 (1   )만큼 보정한다.

	기준색	A시료색	B시료색
L*	60.9	58.3	58.9
a*	−19.1	−21.2	−17.5
b*	6.7	3.7	8.9

1. 제시된 시료색의 A, B의 ΔE값을 구하시오.
   (소수점 셋째 자리수에서 반올림)   A=4.49   B=3.38
2. 시료색 A, B 중에서 기준색에 더 가까운 것은?
   B시료색
3. 기준색과 비교하여 오차값이 적은 시료색을 보정하시오.
   L*: (White   )를 (2   )만큼 보정한다.
   a*: (Green   )을 (1.6   )만큼 보정한다.
   b*: (Blue   )를 (2.2   )만큼 보정한다.

	기준색	A시료색	B시료색
L*	45.6	42.1	53.7
a*	−16.8	−10.7	−17.5
b*	−2.4	−3.2	1.2

1. 제시된 시료색의 A, B의 ΔE값을 구하시오.
   (소수점 셋째 자리수에서 반올림)   A=7.08   B=8.89
2. 시료색 A, B 중에서 기준색에 더 가까운 것은?
   A시료색
3. 기준색과 비교하여 오차값이 적은 시료색을 보정하시오.
   L*: (White   )를 (3.5   )만큼 보정한다.
   a*: (Green   )을 (6.1   )만큼 보정한다.
   b*: (Yellow   )를 (0.8   )만큼 보정한다.

	기준색	A시료색	B시료색
L*	57.6	50.9	60.2
a*	−6.2	0.3	−7.2
b*	22.1	17.5	30.6

1. 제시된 시료색의 A, B의 ΔE값을 구하시오.
   (소수점 셋째 자리수에서 반올림)   A=10.41   B=8.94
2. 시료색 A, B 중에서 기준색에 더 가까운 것은?
   B시료색
3. 기준색과 비교하여 오차값이 적은 시료색을 보정하시오.
   L*: (Black   )을 (2.6   )만큼 보정한다.
   a*: (Red   )를 (1   )만큼 보정한다.
   b*: (Blue   )를 (8.5   )만큼 보정한다.

• 오차보정 연습문제 정답 _ 산업기사

	L*	a*	b*
기준색	43	2.8	27
시료색	41.8	−1	30.3

1. 표에서 제시한 기준색과 시료색의 ⊿E값을 구하시오.
(소수점 셋째 자리수에서 반올림)
5.17

2. 시료색을 기준색에 근접하도록 보정하시오.

L*: (White)를 (1.2)만큼 보정한다.
a*: (Red)를 (3.8)만큼 보정한다.
b*: (Blue)를 (3.3)만큼 보정한다.

	L*	a*	b*
기준색	69.5	−29	11.5
시료색	66	−32.5	9

1. 표에서 제시한 기준색과 시료색의 ⊿E값을 구하시오.
(소수점 셋째 자리수에서 반올림)
5.55

2. 시료색을 기준색에 근접하도록 보정하시오.

L*: (White)를 (3.5)만큼 보정한다.
a*: (Red)를 (3.5)만큼 보정한다.
b*: (Yellow)를 (2.5)만큼 보정한다.

	L*	a*	b*
기준색	41	3.7	29
시료색	42	−1.7	27.7

1. 표에서 제시한 기준색과 시료색의 ⊿E값을 구하시오.
(소수점 셋째 자리수에서 반올림)
5.64

2. 시료색을 기준색에 근접하도록 보정하시오.

L*: (Black)을 (1)만큼 보정한다.
a*: (Red)를 (5.4)만큼 보정한다.
b*: (Yellow)를 (1.3)만큼 보정한다.

	L*	a*	b*
기준색	81.7	−3	17.5
시료색	78.5	1.6	21

1. 표에서 제시한 기준색과 시료색의 ⊿E값을 구하시오.
(소수점 셋째 자리수에서 반올림)
6.61

2. 시료색을 기준색에 근접하도록 보정하시오.

L*: (White)를 (3.2)만큼 보정한다.
a*: (Green)을 (4.6)만큼 보정한다.
b*: (Blue)를 (3.5)만큼 보정한다.

	L*	a*	b*
기준색	68	17.3	−43
시료색	66.4	16	−40.2

1. 표에서 제시한 기준색과 시료색의 ⊿E값을 구하시오.
(소수점 셋째 자리수에서 반올림)
3.48

2. 시료색을 기준색에 근접하도록 보정하시오.

L*: (White)를 (1.6)만큼 보정한다.
a*: (Red)를 (1.3)만큼 보정한다.
b*: (Blue)를 (2.8)만큼 보정한다.

08
조색

조색이란 원색들을 서로 혼합하여 원하는 색상으로 조합하는 작업으로 제시된 색을 똑같이 재현하는 것을 말한다. 컬러리스트 시험에서는 12색 포스터컬러만 사용할 수 있고, 조색 시험 배점은 20점이다. 기사는 4문제, 산업기사는 3문제가 출제된다. 시험 소요시간은 40~60분 이내이며 제시 색과 동일하게 조색 후 도화지에 채색하여 제시된 cm에 맞게 잘라 부착한다.

(1) 색상, 색조별 물감구성

고·중채도인 ⓐ그룹 색조를 조색할 때는 [①기본물감+②추가물감]으로, 저채도인 ⓑ그룹 색조는 [①기본물감+②추가물감+③보색물감]으로 물감을 혼합하여 조색한다. 무채색인 회색 조색 시에 물감은 쿨그레이이고 색지는 웜그레이이므로 난색 계열을 추가해서 조색한다. 조색한 물감은 채색 후 마르면서 변하므로 채색 후 빨리 말려 육안검색을 한다.

Hue	① 기본물감(BASE)		② 추가물감	③ 보색물감
R	카민 + 버밀리언 + 미들옐로		마젠타	비리디언
YR	미들옐로 + 버밀리언		레몬옐로	셀룰리언블루
Y	미들옐로 + 레몬옐로		버밀리언	모브
GY	레몬옐로 + 라이트그린		미들옐로	모브
G	라이트그린 + 비리디언		레몬옐로	버밀리언
BG	비리디언 + 셀룰리언블루 + 라이트그린	Wh+Bk	레몬옐로	버밀리언
B	셀룰리언블루 + 코발트블루 + 비리디언		레몬옐로	버밀리언
PB	코발트블루 + 셀룰리언블루 + 모브		–	버밀리언
P	모브 + 마젠타		버밀리언	라이트그린
RP	마젠타 + 카민 + 모브		버밀리언 + 미들옐로	라이트그린
Wh	화이트 + 블랙		–	–
Gy	화이트 + 블랙		버밀리언+미들옐로	–
Bk	블랙 + 화이트		–	–
Tone	ⓐ 그룹 : 기본, vv, lt, dp, pl, sf, dl, dk (고채도, 중채도)			① + ②
	ⓑ 그룹 : wh, ltgy, gy, dkgy, bk (저채도)			① + ② + ③

(2) 포스터컬러 기본색상과 KS기본색상 비교

다음 위의 빈칸에는 'KS표준색' 색지의 해당 번호를 1×1cm 크기로 잘라 붙이고 아래 빈칸에는 해당 물감을 도화지에 칠한 후 잘라 붙이시오.

	R	YR	Y	GY	G	BG	B	PB	P	RP	N9.5	N1.5
KS 색종이	1	2	3	4	5	6	7	8	9	10	146	155
포스터컬러 물감												
	carmine	vermilion	middle yellow	lemon yellow	light green	viridian	cerulean blue	cobalt blue	mauve	magenta	white	black

왼쪽 빈칸에 2×2cm 크기로 해당 색지를 붙이고 제시 색과 동일한 색을 조색하여 도화지에 채색한 후 오른쪽 빈칸에 붙여 완성한다.

• R 조색

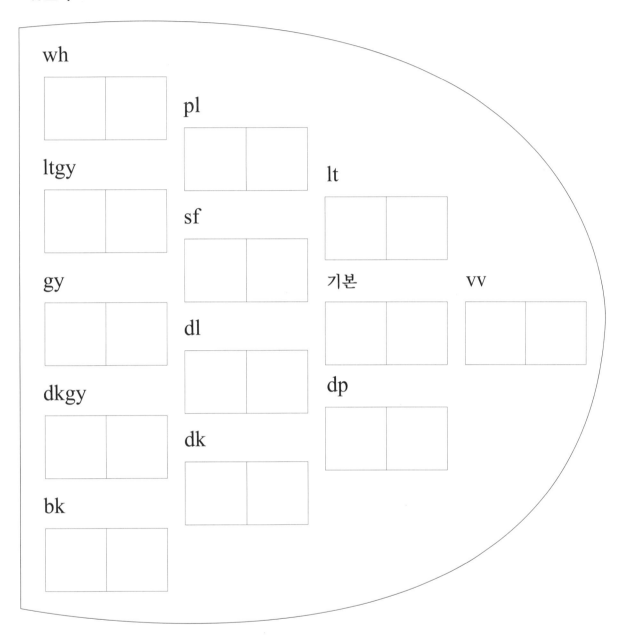

왼쪽 빈칸에 2×2cm 크기로 해당 색지를 붙이고 제시 색과 동일한 색을 조색하여 도화지에 채색한 후 오른쪽 빈칸에 붙여 완성한다.

• YR 조색

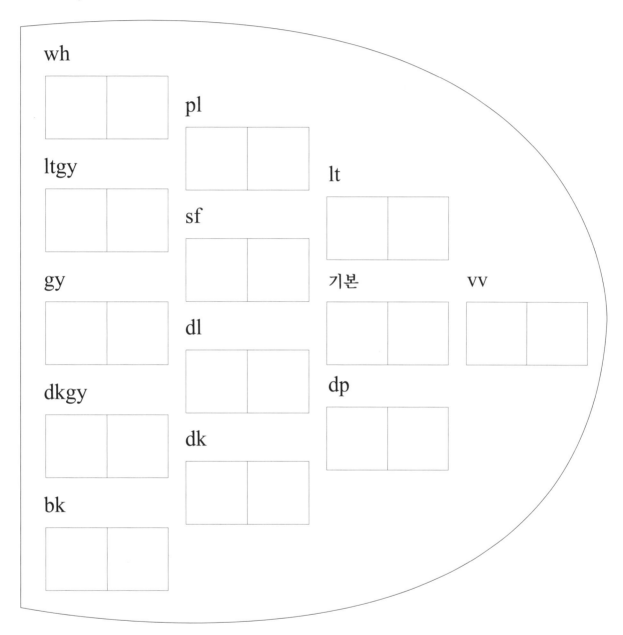

왼쪽 빈칸에 2×2cm 크기로 해당 색지를 붙이고 제시 색과 동일한 색을 조색하여 도화지에 채색한 후 오른쪽 빈칸에 붙여 완성한다.

• Y 조색

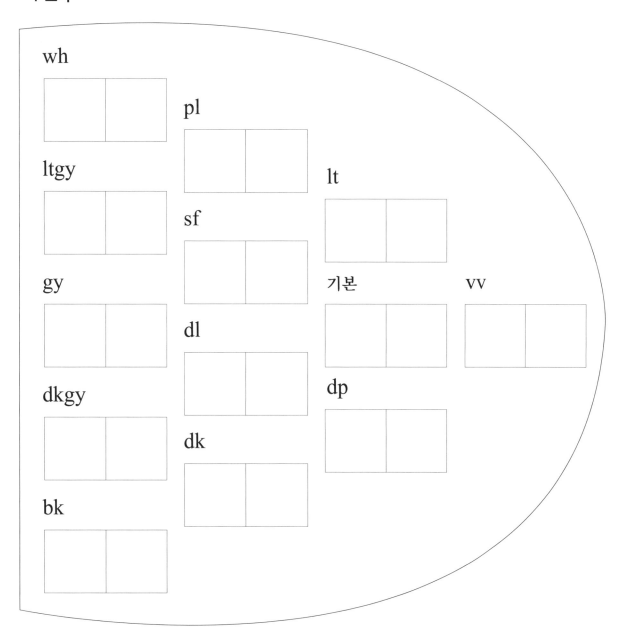

왼쪽 빈칸에 2×2cm 크기로 해당 색지를 붙이고 제시 색과 동일한 색을 조색하여 도화지에 채색한 후 오른쪽 빈칸에 붙여 완성한다.

• **GY 조색**

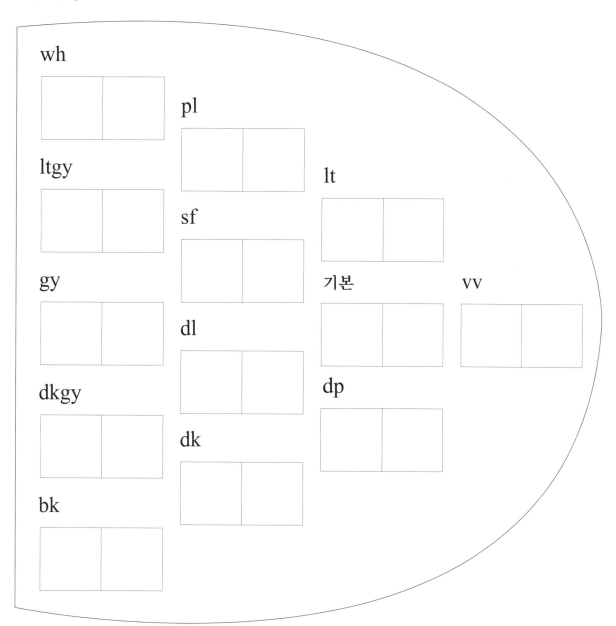

왼쪽 빈칸에 2×2cm 크기로 해당 색지를 붙이고 제시 색과 동일한 색을 조색하여 도화지에 채색한 후 오른쪽 빈칸에 붙여 완성한다.

• G 조색

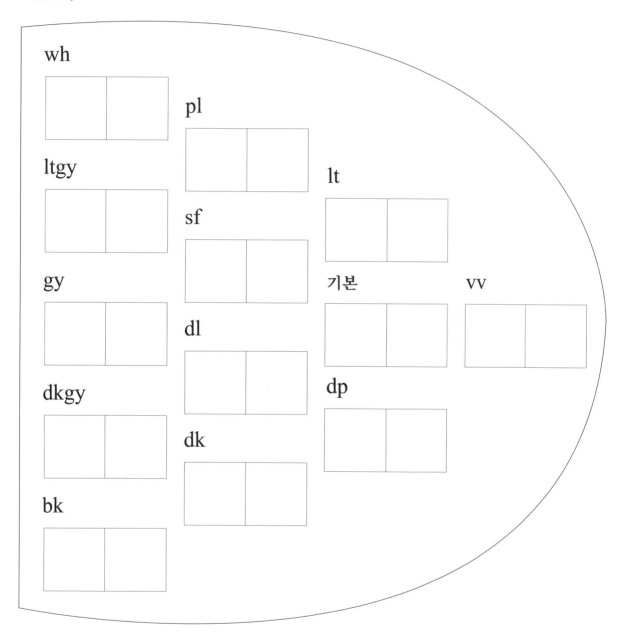

왼쪽 빈칸에 2×2cm 크기로 해당 색지를 붙이고 제시 색과 동일한 색을 조색하여 도화지에 채색한 후 오른쪽 빈칸에 붙여 완성한다.

• **BG 조색**

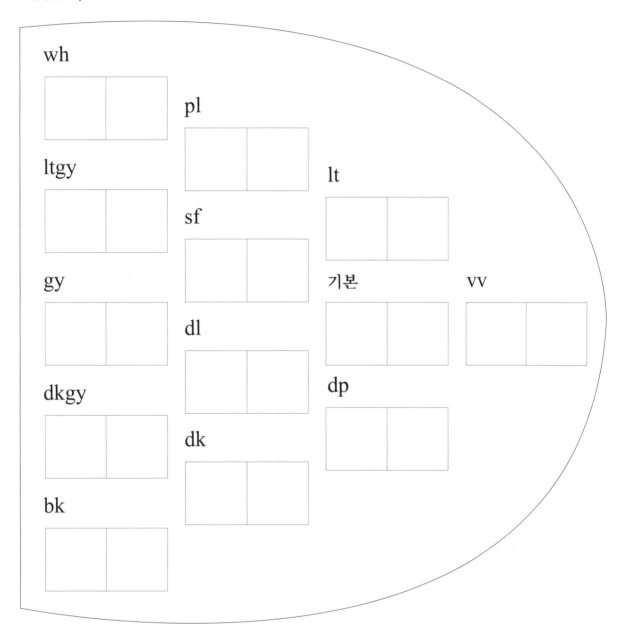

왼쪽 빈칸에 2×2cm 크기로 해당 색지를 붙이고 제시 색과 동일한 색을 조색하여 도화지에 채색한 후 오른쪽 빈칸에 붙여 완성한다.

• B 조색

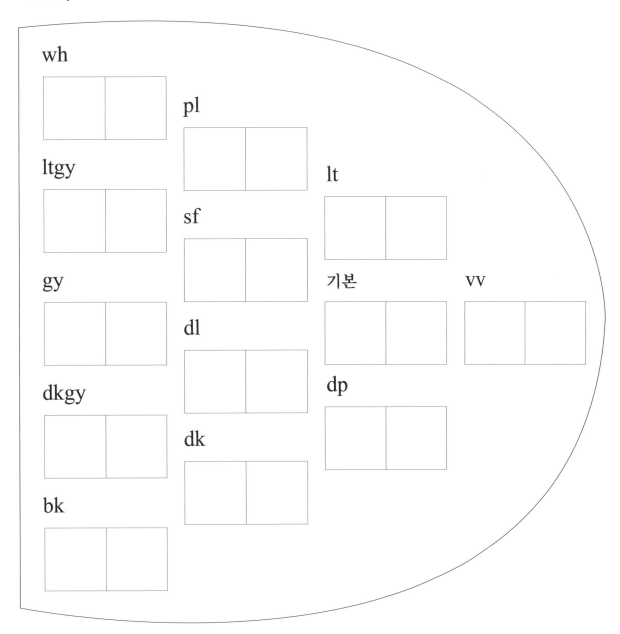

왼쪽 빈칸에 2×2cm 크기로 해당 색지를 붙이고 제시 색과 동일한 색을 조색하여 도화지에 채색한 후 오른쪽 빈칸에 붙여 완성한다.

• PB 조색

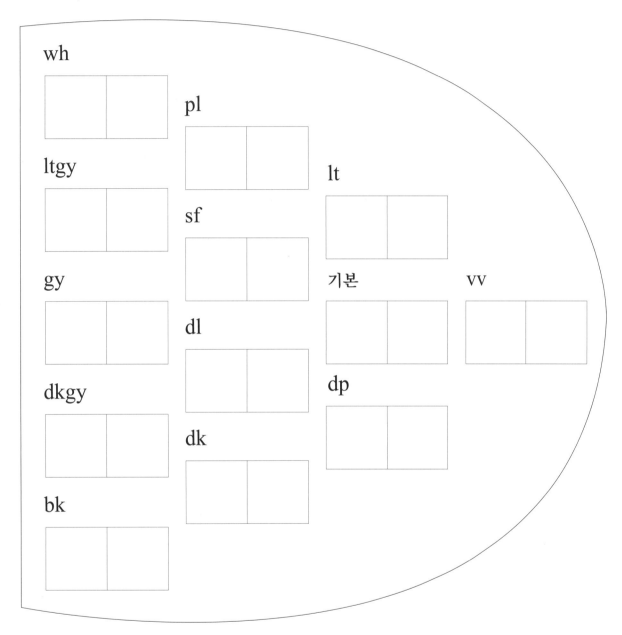

왼쪽 빈칸에 2×2cm 크기로 해당 색지를 붙이고 제시 색과 동일한 색을 조색하여 도화지에 채색한 후 오른쪽 빈칸에 붙여 완성한다.

• P 조색

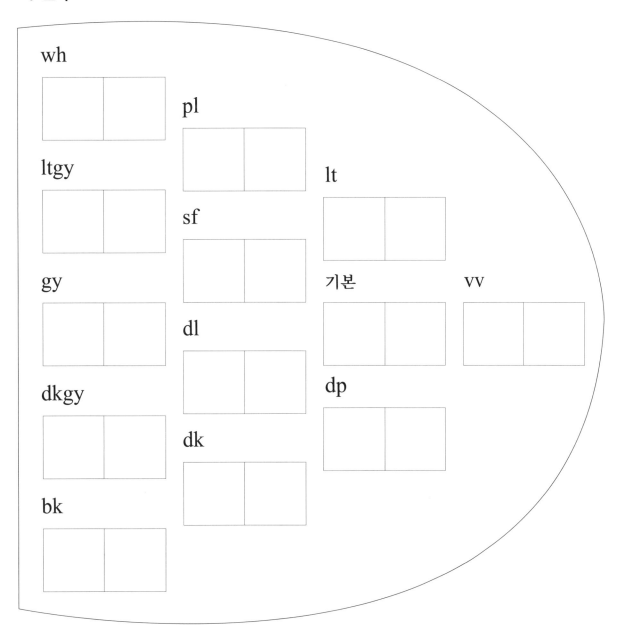

왼쪽 빈칸에 2×2cm 크기로 해당 색지를 붙이고 제시 색과 동일한 색을 조색하여 도화지에 채색한 후 오른쪽 빈칸에 붙여 완성한다.

• **RP 조색**

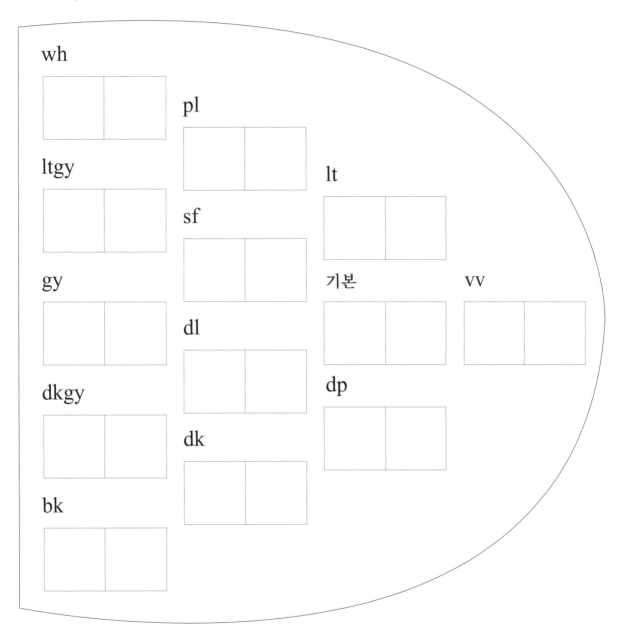

09
삼속성 테스트

색의 삼속성이란 색상, 명도, 채도를 말한다. 1교시 삼속성 테스트는 지정된 두 색의 색상, 명도, 채도의 흐름을 파악한 후 시각적으로 등간격이 되도록 빈칸을 채우는 형식으로 이루어진다. 삼속성 테스트 배점은 20점이고 기사는 6칸 3문제, 산업기사는 5칸 3문제가 출제된다. 시험 소요시간은 1문제당 30분씩 1시간 30분 이내이며 등간격 변화가 보이도록 조색한 색지를 선택하여 부착한다.

(1) 삼속성 테스트 시험과정

① 포스터컬러, 붓, 팔레트, 물통 등의 재료를 준비한다.
② 시험지에 지정색표를 부착한다.
③ 지급된 도화지를 길게 자른다.
④ 제시색의 속성을 파악한다(색상, 명도, 채도의 관계 등).
⑤ 제시된 두 색을 조색한다.
⑥ 조색하면서 두 색의 간격을 파악한다.
⑦ 잘라 둔 도화지에 칠한다.
⑧ 등간격이 느껴지도록 답안을 골라 부착한다.
⑨ 스카치테이프를 이용하여 위, 아래를 고정한다.

(2) 삼속성 테스트 접근방법

① 시험지에 지정색표에 해당 번호의 스티커를 붙인다.
② 붙여진 지정색의 색상이 같은지, 다른지 살펴본다.
③ 두 지정색의 색상이 같은 경우 → 톤이 다른 문제
  ▶ 나머지 빈칸의 색상은 같게 유지하고 명도, 채도의 변화를 살펴본다.
④ 두 지정색의 색상이 다를 경우 → 톤은 같은지, 다른지 살펴본다.
⑤ 두 지정색의 색상이 다르고 톤은 같은 경우
  ▶ 나머지 빈칸의 톤은 같게 유지하고 색상의 변화만 살펴본다.
⑥ 두 지정색의 색상도 다르고 톤도 다른 경우
  ▶ 나머지 빈칸의 색상, 명도, 채도 변화를 살펴본다.

(3) 삼속성 테스트 문제유형

① 톤 변화

→ 제시된 두 색상은 같고 톤은 다른 문제

 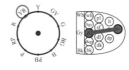

② 색상 변화

→ 제시된 두 색상은 다르고 톤은 같은 문제

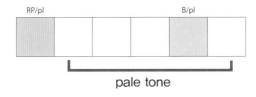 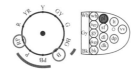

③ 색상, 톤 변화

→ 제시된 두 색상도 다르고 톤도 다른 문제

(4) 지정색표가 붙는 유형 4가지

① 제시색이 양쪽 끝에 붙는 경우

② 제시색의 한쪽이 중간에 붙는 경우

③ 제시색이 양쪽 다 중간에 붙는 경우

④ 제시색이 나란히 붙는 경우

빈칸에 2×2cm 크기로 해당 색지를 부착한 후 두 색의 관계성을 파악하여 등간격이 느껴지게 자연스러운 그러데이션을 완성한다.

• 톤 변화_제시된 두 색상은 같고 톤은 다른 문제

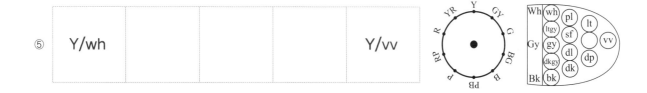

① R/ltgy　　　　　　　　R

② 　　　PB/sf　　　　PB/dp

③ 　　　RP/dl　　　　RP/wh

④ 　　　G　　　G/gy

⑤ Y/wh　　　　　　　Y/vv

빈칸에 2×2cm 크기로 해당 색지를 부착한 후 두 색의 관계성을 파악하여 등간격이 느껴지게 자연스러운 그러데이션을 완성한다.

• 색상 변화_제시된 두 색상은 다르고 톤은 같은 문제

① Y/sf | | | | G/sf

② | P/pl | | | Y/pl

③ | R/dl | RP/dl | |

④ | P/ltgy | | B/ltgy |

⑤ R | | YR | |

빈칸에 2×2cm 크기로 해당 색지를 부착한 후 두 색의 관계성을 파악하여 등간격이 느껴지게 자연스러운 그러데이션을 완성한다.

• 동시 변화_제시된 두 색상도 다르고 톤도 다른 문제

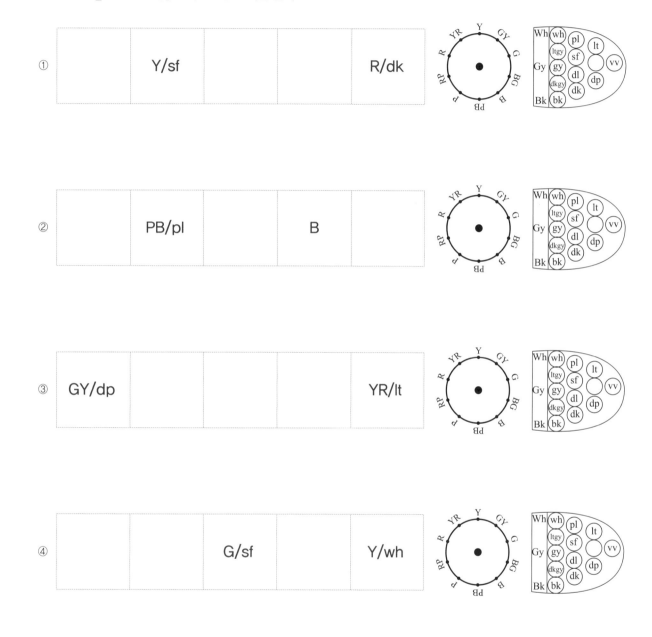

10
컬러리스트 산업기사_1교시

산업기사 1교시 실기 안내문

(1) 1과제 삼속성 테스트

- 두 개의 지정색을 비교한 후 삼속성 중 변화가 필요한 속성에 맞게 조절을 하여 색지들이 등 간격으로 연결되도록 배열
  (문제에 따라 지정색의 위치는 동일하지 않으며, 제시된 칸을 채우지 않은 공란이 있을 경우 감점 또는 0점 처리)
- 표현재료는 포스터컬러(흑, 백, 마젠타를 포함한 12색)에 한함
  (해당란 규격에 맞게 지급받은 연습용 도화지에 채색한 후 접착제(풀 또는 양면테이프) 등을 활용하여 부착)
- 색 견본은 제시 규격에 맞도록 자를 것(안내선 밖으로 넘어가거나 부족하지 않게)
- 부착한 색 견본이 떨어지지 않도록 반드시 투명 테이프로 고정할 것

(2) 2과제 색채재현(=조색)

- 지정된 색을 해당란에 맞게 부착하고 같은 색으로 조색한 후 도화지에 채색하고 부착
- 표현재료는 포스터컬러(흑, 백, 마젠타를 포함한 12색)에 한함
  (해당란 규격에 맞게 지급받은 연습용 도화지에 채색한 후 접착제(풀 또는 양면테이프) 등을 활용하여 부착)
- 색 견본은 제시 규격에 맞도록 자를 것(안내선 밖으로 넘어가거나 부족하지 않게)
- 부착한 색 견본이 떨어지지 않도록 반드시 투명 테이프로 고정할 것

(3) 3과제 오차보정

- 오차보정 문제 풀이 시 계산기 사용 가능
- 색차값 ΔE^*의 결과 값은 소수점 셋째 자리수에서 반올림하여 표기
  (시험 때마다 변경될 수 있으니, 제시된 사항에 맞추어 표기)
- $L^*a^*b^*$좌표에 의거하여 작성
- (작성방법 예) L^* : (①)을(를) (②)만큼 추가
             a^* : (①)을(를) (②)만큼 추가
             b^* : (①)을(를) (②)만큼 추가
             ①은 Black, White, Red, Green, Yellow, Blue만 사용할 수 있음
             ②의 수치는 +로만 표기
             보정이 필요 없는 경우에는 "보정하지 않음"으로 표기

※ 유의사항
- 삼속성 테스트 및 조색은 포스터컬러(12색)만을 사용한다.
- 1교시(삼속성 테스트 및 조색)에는 색종이 사용이 금지된다(명도자만 사용 가능).
- 완성도가 60% 미만인 시험지는 채점에서 제외된다.
- 시험지는 청결해야 한다.

• 산업기사 1교시 실기 안내문

배점	총 50점	
문제	삼속성(20점)	5칸 3문제
	조색(20점)	3문제
	오차보정(10점)	1문제
소요시간	2시간 30분	
주의사항	• 색지는 볼 수 없다. • 삼속성, 조색은 도화지에 채색하여 붙인다. • 오차보정은 계산기를 이용한다.	

• 산업기사 1교시 실기 시간배분

시험	순서	문제	소요시간	주의사항
기사	1	준비	5분	문제 스티커 붙이기 도화지 자르기
	2	오차보정	10분	계산기 이용 검산하기
	3	삼속성	1시간 30분(1문제 30분씩)	한 문제씩 완성
	4	조색	36분(12분씩)	동시 진행 가능
	5	마무리	9분	테이프 붙이기 답안지 청결하게 작성

컬러리스트 산업기사 실기 1교시 기출문제

2016년 3회 일요일 기출문제

국가기술자격 검정 실기 시험 답안지

직무 분야	산업디자인	자격 종목	컬러리스트 산업기사	* 참고사항 A. 채색재료는 포스터컬러 12색(흑, 백 포함)에 한하여 사용할 것
제 1교시(1, 2, 3 과제)		시험시간	2시간 30분	B. 색료를 사용할 경우 별도의 켄트지에 채색하여 해당 규격에 맞도록 재단한 후 부착하여 사용할 것

제 1과제 : 3속성 테스트(20점)

다음 문제의 숫자와 KS색지 뒷면에 있는 번호와 같은 색지를 잘라 부착한 후 변화된 속성에 맞게 등간격으로 빈칸을 채우시오.

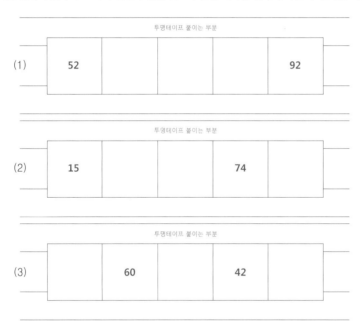

제 2과제 : 조 색(20점)

다음 문제의 숫자와 KS색지 뒷면에 있는 번호와 같은 색지를 잘라 부착한 후 제시된 색상과 동일하게 조색하여 빈칸에 부착하시오.

제 3과제 : 색채오차보정(10점)

1. 표에서 제시한 시료에 대하여 기준색과의 색차(⊿E*ab)를 구하시오.

2. 시료색을 기준색에 근접하도록 보정하시오.

L* :
a* :
b* :

	L*	a*	b*
기준색	43	2.8	27
시료색A	41.8	−1	30.3

컬러리스트 산업기사 실기 1교시 기출문제

국가기술자격 검정 실기 시험 답안지

직무 분야	산업디자인	자격 종목	컬러리스트 산업기사	* 참고사항
제 1교시(1, 2, 3 과제)		시험시간	2시간 30분	A. 채색재료는 포스터컬러 12색(흑, 백 포함)에 한하여 사용할 것 B. 색료를 사용할 경우 별도의 켄트지에 채색하여 해당 규격에 맞도록 재단한 후 부착하여 사용할 것

제 1과제 : 3속성 테스트(20점)

다음 문제의 숫자와 KS색지 뒷면에 있는 번호와 같은 색지를 잘라 부착한 후 변화된 속성에 맞게 등간격으로 빈칸을 채우시오.

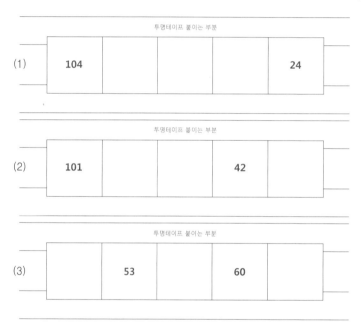

제 2과제 : 조 색(20점)

다음 문제의 숫자와 KS색지 뒷면에 있는 번호와 같은 색지를 잘라 부착한 후 제시된 색상과 동일하게 조색하여 빈칸에 부착하시오.

제 3과제 : 색채오차보정(10점)

	L*	a*	b*
기준색	41	3.7	29
시료색A	42	−1.7	27.7

1. 표에서 제시한 시료에 대하여 기준색과의 색차(⊿E*ab)를 구하시오.

2. 시료색을 기준색에 근접하도록 보정하시오.

　　L* :

　　a* :

　　b* :

컬러리스트 산업기사 실기 1교시 기출문제

2016년 1회 일요일 기출문제

국가기술자격 검정 실기 시험 답안지

직무 분야	산업디자인	자격 종목	컬러리스트 산업기사	* 참고사항
제 1교시(1, 2, 3 과제)		시험시간	2시간 30분	A. 채색재료는 포스터컬러 12색(흑, 백 포함)에 한하여 사용할 것 B. 색료를 사물할 경우 별도의 켄트지에 채색하여 해당 규격에 맞도록 재단한 후 부착하여 사용할 것

제 1과제 : 3속성 테스트(20점)

다음 문제의 숫자와 KS색지 뒷면에 있는 번호와 같은 색지를 잘라 부착한 후 변화된 속성에 맞게 등간격으로 빈칸을 채우시오.

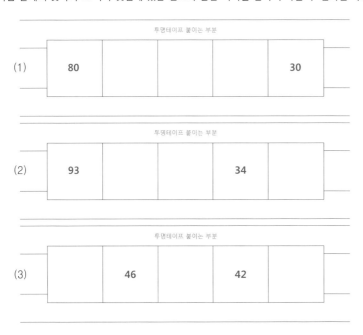

제 2과제 : 조 색(20점)

다음 문제의 숫자와 KS색지 뒷면에 있는 번호와 같은 색지를 잘라 부착한 후 제시된 색상과 동일하게 조색하여 빈칸에 부착하시오.

제 3과제 : 색채오차보정(10점)

	L*	a*	b*
기준색	32.3	17.5	−0.5
시료색A	34.2	15.9	−2.3

1. 표에서 제시한 시료에 대하여 기준색과의 색차(ΔE*ab)를 구하시오.

2. 시료색을 기준색에 근접하도록 보정하시오.

   L* :

   a* :

   b* :

컬러리스트 산업기사 실기 1교시 기출문제

국가기술자격 검정 실기 시험 답안지

직무 분야	산업디자인	자격 종목	컬러리스트 산업기사	* 참고사항 A. 채색재료는 포스터컬러 12색(흑, 백 포함)에 한하여 사용할 것
제 1교시(1, 2, 3 과제)		시험시간	2시간 30분	B. 색료를 사용할 경우 별도의 켄트지에 채색하여 해당 규격에 맞도록 재단한 후 부착하여 사용할 것

제 1과제 : 3속성 테스트(20점)

다음 문제의 숫자와 KS색지 뒷면에 있는 번호와 같은 색지를 잘라 부착한 후 변화된 속성에 맞게 등간격으로 빈칸을 채우시오.

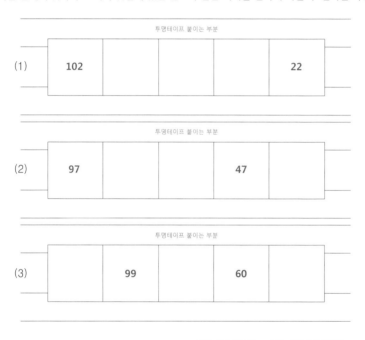

제 2과제 : 조 색(20점)

다음 문제의 숫자와 KS색지 뒷면에 있는 번호와 같은 색지를 잘라 부착한 후 제시된 색상과 동일하게 조색하여 빈칸에 부착하시오.

제 3과제 : 색채오차보정(10점)

	L*	a*	b*
기준색	58.7	14.9	16.2
시료색A	53.2	10.7	13.5

1. 표에서 제시한 시료에 대하여 기준색과의 색차(ΔE^*ab)를 구하시오.

2. 시료색을 기준색에 근접하도록 보정하시오.

   L* :

   a* :

   b* :

11
컬러리스트 산업기사_2교시 감성배색

컬러리스트 산업기사 2교시 실기 안내문

(1) 문제 및 소요시간

• 5배색 2문제 각각 10점, 10배색 1문제 10점, 면적색채계획 1문제 20점, 총 4문제 50점
• 소요시간은 2시간 30분

(2) 산업기사 2교시 감성배색 시간배분

시험	순서	문제	소요시간	순서	문제	소요시간	주의사항
산업기사	1	1번_5배색	30분	3	3번_10배색	40분	A4용지에 적고 옮겨 적기
	2	2번_5배색	30분	4	4번_면적색채계획	45분	(검정펜으로 깨끗하게)

(3) 산업기사 2교시 감성색채 접근방법

1. 문제에 있는 [유사색상, 반대색조, 톤온톤 배색 등] 주어진 사항은 꼭 지킬 것
2. 1번 문제에 색지를 붙이고 배색의도까지 완성하고 2번 문제로 진행
3. 4번 문제의 면 분할은 가로, 세로(몬드리안 그림처럼)로만 진행
    문제에 따라 면 분할의 개수와 크기를 선택하고 균형과 조화를 생각하면서 분할

(4) 산업기사 2교시 감성색채 배색의도 작성방법

• 색상은 대문자 약호로 작성(YR, G, PB)
• 색조는 소문자 톤이름으로 작성(vivid, deep, grayish)
• 배색기법을 적용할 수 있으면 꼭 쓸 것

(5) 감성배색 시 주의사항

• 색명 표기는 모두 KS한국산업규격으로 서술해야 함
• 흑색, 청색 볼펜만 사용할 수 있으며 수정액(화이트) 사용을 금하므로 수정 시에는 두 줄을 그어 지우고 감독관의 날인을 받을 것

컬러리스트 산업기사 2교시 감성배색 예시답안

2016년 2회 토요일 기출문제

국가기술자격 검정 실기 시험 답안지

직무 분야	산업디자인	자격 종목	컬러리스트 산업기사	* 참고사항 A. 수험자가 임의로 가져온 채색재료, 색지 또는 별도로 지급된 켄트지 선택 가능
제 2교시(1과정)		시험시간	2시간 30분	B. 답안 작성시 펜은 검정이나 파랑 한가지 색으로 통일 하여 틀린 글자는 수정액을 사용하지 말고 반드시 감독관의 날인을 받아 수정할 것

감성배색

1. 잔잔하고 시원한 해변가에서 느껴지는 청량감을 유사색상, 유사색조 배색하시오.

배색의도 깨끗하고, 맑고, 시원한 청량감이 느껴지는 고채도의 vivid, 기본, light tone의 시원한 푸른 바다가 느껴지는 B, PB를 유사색조, 유사색상으로 tone in tone 배색하여 잔잔하고 시원한 해변가를 통일감 있게 표현하였다.

2. 40대 남성을 위한 수제화 매장의 인테리어 색채를 클래식 이미지를 사용하여 유사색조 배색하시오.

배색의도 격조 높고 중후한 클래식 이미지를 주기 위해 저명도의 blackish, dark grayish, dark의 R, YR, Y, GY를 유사색조로 톤인톤배색하여 40대 남성을 위한 수제화 매장의 인테리어를 남성적으로 친근감 있게 표현하였다.

3. 천연보호구역(자연유산 보호구역 Natural Reserve)의 보존가치를 알리기 위한 포스터 디자인을 하고자 한다.
   야생의 거친 표면감, 불규칙적으로 깨진 돌의 표면 등에서 볼 수 있는 터프한 이미지가 느껴지도록 색채계획 하시오.

배색의도 사람의 손이 닿지 않은 천연보호구역의 깨진 돌의 표면 등을 무채색의 Gy, Bk로 불규칙적으로 나타내었고, 마르고 건조한 대지를 저명도의 blackish, dark grayish, grayish의 R,Y로 톤온톤 배색하여 터프한 이미지로 표현하였다. 무성하게 자란 풀을 BG로, 정보전달을 목적으로 하는 포스터 디자인의 시인성 및 유목성이 부각되도록 고채도 deep의 R로 보존가치가 있는 천연보호구역임을 강조하였다.

4. 초현실주의 작가인 살바도르 달리 전시 관람 애플리케이션을 기획하려고 한다.
   전시작품의 특성과 하이테크한 이미지를 복합적으로 표현할 수 있는 색채계획을 하시오.
   1) 배색의도(디자인컨셉) 2) 배색형식이나 기법 3) 주,보,강조색의 적용의도에 대해 설명하시오.
   (단, 3가지 이상의 색상을 사용하되 자유롭게 10칸 이상 배색하고 특정형태를 연상시키는 분할은 불가함)

배색의도 공상적이고 기형적인 초현실주의 작가 살바도르 달리 전시를 나타내기 위해 주조색으로 몽환적인 PB의 grayish, deep을 도미넌트 배색하였다. 보조색으로 무채색과 light grayish를 배색하여 하이테크한 미래지향적인 감각을 주었으며, 주조색과 보색인 YR, R의 deep으로 전시장의 친근감과 호기심을 자극할 수 있도록 강조하여 표현하였다.

컬러리스트 산업기사 2교시 감성배색 기출문제

2016년 3회 일요일 기출문제

국가기술자격 검정 실기 시험 답안지

직무 분야	산업디자인	자격 종목	컬러리스트 산업기사	* 참고사항 A. 수험자가 임의로 가져온 채색재료, 색지 또는 별도로 지급된 켄트지 선택 가능
제 2교시(1과정)		시험시간	2시간 30분	B. 답안 작성시 펜은 검정이나 파랑 한가지 색으로 통일하여 틀린 글자는 수정액을 사용하지 말고 반드시 감독관의 날인을 받아 수정할 것

감성배색

1. 견고하고 육중한 무게감과 반짝이는 금속질감의 이미지를 세퍼레이션 기법을 활용하여 배색하시오.

배색의도

2. 몸과 마음의 힐링을 추구하는 소비자를 위한 디퓨저 용기에 사용될 색채를 유사색상, 유사색조 표현하시오.

배색의도

3. 근린공원에서 간편하게 사용할 수 있는 가족용 텐트를 디자인하고자 한다. 가벼운 즐거움과 휴식의 이미지가 표현되도록 배색기법을 설명하고 색채계획 하시오.

배색의도

4. 키덜트족을 타겟으로 하는 캐릭터 용품 매장의 쇼윈도 디스플레이 디자인하고자 한다.
키덜트족의 특성을 반영하여 즐거움과 친근함, 활기찬 매장의 이미지를 부각시킬 수 있는 색채계획을 하시오.
1) 배색의도(디자인컨셉) 2) 배색형식이나 기법 3) 주,보,강조색의 적용의도에 대해 설명하시오.
(단, 3가지 이상의 색상을 사용하되 자유롭게 10칸 이상 배색하고 특정형태를 연상시키는 분할은 불가함)

배색의도

컬러리스트 산업기사 2교시 감성배색 기출문제

국가기술자격 검정 실기 시험 답안지

직무 분야	산업디자인	자격 종목	컬러리스트 산업기사	* 참고사항 A. 수험자가 임의로 가져온 채색재료, 색지 또는 별도로 　지급된 켄트지 선택 가능
제 2교시(1과정)		시험시간	2시간 30분	B. 답안 작성시 펜은 검정이나 파랑 한가지 색으로 통일 　하여 틀린 글자는 수정액을 사용하지 말고 반드시 　감독관의 날인을 받아 수정할 것

감성배색

1. 가볍고 순수하며 가공이 최소화된 편안한 자연의 이미지를 카마이외 기법을 활용하여 배색하시오.

배색의도
_____
_____
_____

2. 애니메이션의 어둡고 깊은 숲을 차분하고 신비로운 이미지로 반대색상 유사색조 계획 하시오.

배색의도
_____
_____
_____

3. KTX 승무원 유니폼 색상계획으로 빠르고 신속한 서비스를 지향하는 이미지가 잘 드러나도록 유사색조 배색하시오.
　(3가지 이상의 색상을 배색하되 명도, 채도를 고려하여 동일색상 2면 이내로 배색하시오.)

배색의도
_____
_____
_____
_____
_____

4. F/W시즌 프리미엄 침구매장의 인테리어 색채계획으로 북유럽 감성의 이미지를 나타내고 기능적, 자연친화적, 계절의
　단점을 보완할 수 있도록 색채계획 하시오.
　1) 배색의도(디자인컨셉) 2) 배색형식이나 기법 3) 주,보,강조색의 적용의도에 대해 설명하시오.
　(단, 3가지 이상의 색상을 사용하되 자유롭게 10칸 이상 배색하고 특정형태를 연상시키는 분할은 불가함)

배색의도
_____
_____
_____
_____
_____

컬러리스트 산업기사 2교시 감성배색 기출문제

2016년 2회 일요일 기출문제

국가기술자격 검정 실기 시험 답안지

직무 분야	산업디자인	자격 종목	컬러리스트 산업기사	* 참고사항 A. 수험자가 임의로 가져온 채색재료, 색지 또는 별도로 지급된 켄트지 선택 가능
제 2교시(1과정)		시험시간	2시간 30분	B. 답안 작성시 펜은 검정이나 파랑 한가지 색으로 통일 하여 틀린 글자는 수정액을 사용하지 말고 반드시 감독관의 날인을 받아 수정할 것

감성배색

1. 활력과 건강함을 전달하는 제품의 컨셉트를 잘 표현할 수 있는 해독쥬스 패키지를 톤인톤 배색하시오.

배색의도

2. 저녁뉴스에서 들리는 아나운서의 예리하고 똑똑한 음성의 이미지를 반대색상 유사색조 배색하시오.

배색의도

3. '안전, 친근'이 콘셉트인 국내 저가 항공사의 비행기를 색채계획하고자 한다.
   대형교통수단인 특징을 고려하고 기업의 상징색이 잘 드러나도록 배색기법을 설명하고 색채계획 하시오.

배색의도

4. 30-40대 여성을 위한 모자 전문 브랜드 런칭 모바일 어플리케이션을 기획하려고 한다.
   과거의 이미지와 현대적 참신함을 가미한 레트로(Retro) 광고 기법을 활용하여 색채계획을 하시오.
   1) 배색의도(디자인컨셉) 2) 배색형식이나 기법 3) 주,보,강조색의 적용의도에 대해 설명하시오.
   (단, 3가지 이상의 색상을 사용하되 자유롭게 10칸 이상 배색하고 특정형태를 연상시키는 분할은 불가함)

배색의도

컬러리스트 산업기사 2교시 감성배색 기출문제

2016년 1회 일요일 기출문제

국가기술자격 검정 실기 시험 답안지

직무 분야	산업디자인	자격 종목	컬러리스트 산업기사	* 참고사항
제 2교시(1과정)		시험시간	2시간 30분	A. 수험자가 임의로 가져온 채색재료, 색지 또는 별도로 지급된 켄트지 선택 가능 B. 답안 작성시 펜은 검정이나 파랑 한가지 색으로 통일하여 틀린 글자는 수정액을 사용하지 말고 반드시 감독관의 날인을 받아 수정할 것

감성배색

1. 은은하고 고즈넉한 겨울의 이미지가 연출되도록 포까마이외 배색하시오.

					배색의도

2. 과일향기 나는 섬유유연제의 패키지 디자인을 하시오.

					배색의도

3. 10-20대 여성들을 위한 중저가브랜드의 화장품 매장 인테리어 색채계획을 하시오.
   내츄럴하고 자연스러운 분위기가 나타나도록 하고, 테스트가 자유로울 수 있도록 하시오.

					배색의도

4. 산만한 ADHD 아동들을 위한 미술치료 공간의 색채계획을 하시오.
   집중력을 높일 수 있어야 하고, 마음이 편안해지는 효과가 있도록 배색하시오.
   1) 배색의도(디자인컨셉) 2) 배색형식이나 기법 3) 주,보,강조색의 적용의도에 대해 설명하시오.
   (단, 3가지 이상의 색상을 사용하되 자유롭게 10칸 이상 배색하고 특정형태를 연상시키는 분할은 불가함)

배색의도

12
컬러리스트 기사_1교시

컬러리스트 기사 1교시 실기 안내문

(1) 1과제 삼속성 테스트

- 두 개의 지정색을 비교한 후 삼속성 중 변화가 필요한 속성에 맞게 조절을 하여 색지들이 등 간격으로 연결되도록 배열
  (문제에 따라 지정색의 위치는 동일하지 않으며, 제시된 칸을 채우지 않은 공란이 있을 경우 감점 또는 0점 처리)
- 표현재료는 포스터컬러(흑, 백, 마젠타를 포함한 12색)에 한함
  (해당란 규격에 맞게 지급받은 연습용 도화지에 채색한 후 접착제(풀 또는 양면테이프) 등을 활용하여 부착)
- 색 견본은 제시 규격에 맞도록 자를 것(안내선 밖으로 넘어가거나 부족하지 않게)
- 부착한 색 견본이 떨어지지 않도록 반드시 투명 테이프로 고정할 것

(2) 2과제 색채재현(=조색)

- 지정된 색을 해당란에 맞게 부착하고 같은 색으로 조색한 후 도화지에 채색하고 부착
- 표현재료는 포스터컬러(흑, 백, 마젠타를 포함한 12색)에 한함
  (해당란 규격에 맞게 지급받은 연습용 도화지에 채색한 후 접착제(풀 또는 양면테이프) 등을 활용하여 부착)
- 색 견본은 제시 규격에 맞도록 자를 것(안내선 밖으로 넘어가거나 부족하지 않게)
- 부착한 색 견본이 떨어지지 않도록 반드시 투명 테이프로 고정할 것

(3) 3과제 오차보정

- 오차보정 문제 풀이 시 계산기 사용 가능
- 색차값 ΔE^*의 결과 값은 소수점 셋째 자리수에서 반올림하여 표기
  (시험 때마다 변경될 수 있으니, 제시된 사항에 맞추어 표기)
- $L^*a^*b^*$좌표에 의거하여 작성
- (작성방법 예) L^* : (①)을(를) (②)만큼 추가
          a^* : (①)을(를) (②)만큼 추가
          b^* : (①)을(를) (②)만큼 추가
          ①은 Black, White, Red, Green, Yellow, Blue만 사용할 수 있음
          ②의 수치는 +로만 표기
          보정이 필요 없는 경우에는 '보정하지 않음'으로 표기

※ 유의사항

• 삼속성 테스트 및 조색은 포스터컬러(12색)만을 사용한다.

• 1교시(삼속성 테스트 및 조색)에는 색종이 사용이 금지된다(명도자만 사용 가능).

• 완성도가 60% 미만인 시험지는 채점에서 제외된다.

• 시험지는 청결해야 한다.

• 기사 1교시 실기 안내문

배점	총 50점	
문제	삼속성(20점)	6칸 3문제
	조색(20점)	4문제
	오차보정(10점)	1문제
소요시간	3시간	
주의사항	• 색지는 볼 수 없다. • 삼속성, 조색은 도화지에 채색하여 붙인다. • 오차보정은 계산기를 이용한다.	

• 기사 1교시 실기 시간배분

시험	순서	문제	소요시간	주의사항
기사	1	준비	5분	문제 스티커 붙이기 도화지 자르기
	2	오차보정	10분	계산기 이용 검산하기
	3	삼속성	1시간 30분(1문제 30분씩)	한 문제씩 완성
	4	조색	1시간(15분씩)	동시 진행 가능
	5	마무리	10~15분	테이프 붙이기 답안지 청결하게 작성

컬러리스트 기사 실기 1교시 기출문제

2016년 2회 일요일 기출문제

국가기술자격 검정 실기 시험 답안지

직무 분야	산업디자인	자격 종목	컬러리스트 기사	* 참고사항 A. 채색재료는 포스터컬러 12색(흑, 백 포함)에 한하여 사용할 것
제 1교시(1, 2, 3 과제)		시험시간	3시간	B. 색료를 사용할 경우 별도의 켄트지에 채색하여 해당 규격에 맞도록 재단한 후 부착하여 사용할 것

제 1과제 : 3속성 테스트(20점)

다음 문제의 숫자와 KS색지 뒷면에 있는 번호와 같은 색지를 잘라 부착한 후 변화된 속성에 맞게 등간격으로 빈칸을 채우시오.

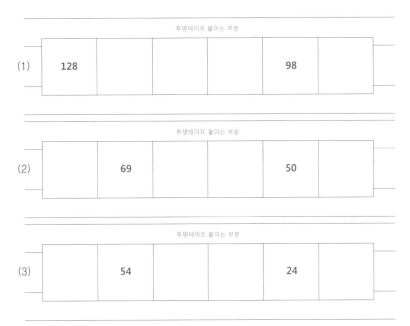

(1) 128 ... 98

(2) 69 ... 50

(3) 54 ... 24

제 2과제 : 조 색(20점)

다음 문제의 숫자와 KS색지 뒷면에 있는 번호와 같은 색지를 잘라 부착한 후 제시된 색상과 동일하게 조색하여 빈칸에 부착하시오.

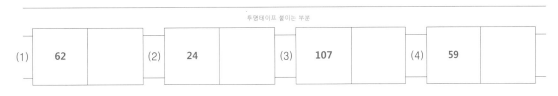

(1) 62   (2) 24   (3) 107   (4) 59

제 3과제 : 색채오차보정(10점)

	L*	a*	b*
기준색	49.5	46.3	51.2
시료색A	−2.5	1.5	−3
시료색B	3	5	−1.8

1. 표에서 제시한 시료에 대하여 기준색과의 색차(ΔE^*ab)를 구하시오.

2. 기준색과 비교하여 시료색 중 오차값이 적은 것은 무엇인가?

3. 기준색과 비교하여 오차값이 적은 시료색의 보정방법에 대하여 서술하시오.

    L* :

    a* :

    b* :

컬러리스트 기사 실기 1교시 기출문제

국가기술자격 검정 실기 시험 답안지

직무 분야	산업디자인	자격 종목	컬러리스트 기사	* 참고사항 A. 채색재료는 포스터컬러 12색(흑, 백 포함)에 한하여 　사용할 것
제 1교시(1, 2, 3 과제)		시험시간	3시간	B. 색료를 사용할 경우 별도의 켄트지에 채색하여 해당 　규격에 맞도록 재단한 후 부착하여 사용할 것

제 1과제 : 3속성 테스트(20점)

다음 문제의 숫자와 KS색지 뒷면에 있는 번호와 같은 색지를 잘라 부착한 후 변화된 속성에 맞게 등간격으로 빈칸을 채우시오.

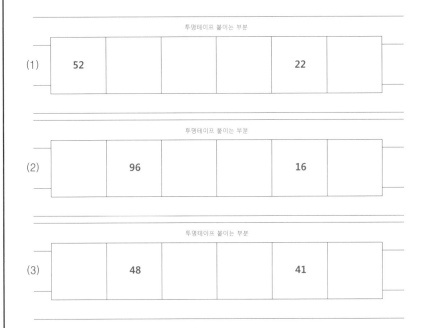

제 2과제 : 조 색(20점)

다음 문제의 숫자와 KS색지 뒷면에 있는 번호와 같은 색지를 잘라 부착한 후 제시된 색상과 동일하게 조색하여 빈칸에 부착하시오.

제 3과제 : 색채오차보정(10점)

	L*	a*	b*
기준색	73	−29	4.5
시료색A	69.5	−30	11
시료색B	71	−24.7	9.3

1. 표에서 제시한 시료에 대하여 기준색과의 색차(ΔE^*ab)를 구하시오.

2. 기준색과 비교하여 시료색 중 오차값이 적은 것은 무엇인가?

3. 기준색과 비교하여 오차값이 적은 시료색의 보정방법에 대하여 서술하시오.

　　L* :

　　a* :

　　b* :

컬러리스트 기사 실기 1교시 기출문제

2016년 1회 토요일 기출문제

국가기술자격 검정 실기 시험 답안지

직무 분야	산업디자인	자격 종목	컬러리스트 기사	* 참고사항 A. 채색재료는 포스터컬러 12색(흑, 백 포함)에 한하여 사용할 것 B. 색료를 사율할 경우 별도의 켄트지에 채색하여 해당 규격에 맞도록 재단한 후 부착하여 사용할 것
제 1교시(1, 2, 3 과제)		시험시간	3시간	

제 1과제 : 3속성 테스트(20점)

다음 문제의 숫자와 KS색지 뒷면에 있는 번호와 같은 색지를 잘라 부착한 후 변화된 속성에 맞게 등간격으로 빈칸을 채우시오.

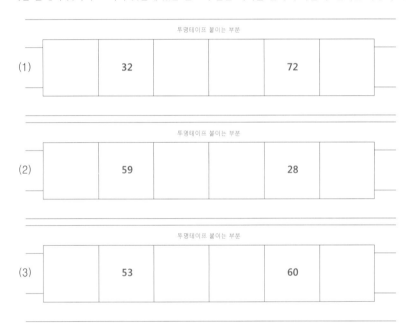

제 2과제 : 조 색(20점)

다음 문제의 숫자와 KS색지 뒷면에 있는 번호와 같은 색지를 잘라 부착한 후 제시된 색상과 동일하게 조색하여 빈칸에 부착하시오.

제 3과제 : 색채오차보정(10점)

	L*	a*	b*
기준색	72.3	5	32.5
시료색A	76	3.5	27
시료색B	68.2	−1	34.5

1. 표에서 제시한 시료에 대하여 기준색과의 색차(ΔE^*ab)를 구하시오.

2. 기준색과 비교하여 시료색 중 오차값이 적은 것은 무엇인가?

3. 기준색과 비교하여 오차값이 적은 시료색의 보정방법에 대하여 서술하시오.

　　L* :

　　a* :

　　b* :

컬러리스트 기사 실기 1교시 기출문제

2015년 3회 일요일 기출문제

국가기술자격 검정 실기 시험 답안지

직무 분야	산업디자인	자격 종목	컬러리스트 기사	* 참고사항 A. 채색재료는 포스터컬러 12색(흑, 백 포함)에 한하여 사용할 것 B. 색료를 사율할 경우 별도의 켄트지에 채색하여 해당 규격에 맞도록 재단한 후 부착하여 사용할 것
제 1교시(1, 2, 3 과제)		시험시간	3시간	

제 1과제 : 3속성 테스트(20점)

다음 문제의 숫자와 KS색지 뒷면에 있는 번호와 같은 색지를 잘라 부착한 후 변화된 속성에 맞게 등간격으로 빈칸을 채우시오.

제 2과제 : 조 색(20점)

다음 문제의 숫자와 KS색지 뒷면에 있는 번호와 같은 색지를 잘라 부착한 후 제시된 색상과 동일하게 조색하여 빈칸에 부착하시오.

제 3과제 : 색채오차보정(10점)

	L*	a*	b*
기준색	76.2	8.4	3.5
시료색A	79.7	2.8	3.2
시료색B	71.9	9.1	−4.2

1. 표에서 제시한 시료에 대하여 기준색과의 색차(ΔE^*ab)를 구하시오.

2. 기준색과 비교하여 시료색 중 오차값이 적은 것은 무엇인가?

3. 기준색과 비교하여 오차값이 적은 시료색의 보정방법에 대하여 서술하시오.

    L* :

    a* :

    b* :

13
컬러리스트 기사_2교시 색채계획

컬러리스트 기사 2교시 실기 안내문

(1) 문제 및 소요시간

· 도면과 배색의도, 주 · 보 · 강조색 서술, 면적비례표 문제로 50점
· 소요시간은 3시간

(2) 기사 2교시 색채계획 시간배분

시험	순서	문제	소요시간	주의사항
기사	1	문제파악 및 색채계획	20분	A4용지에 적기
	2	조색 후 채색(컬러링)	1시간 40분	정확도가 85~90%이면 된다.
	3	도면 라인정리	15분	0.5mm 검정펜
	4	주보강 및 면적비례표 붙이기	10분	
	5	글쓰기	30분	검정펜으로 깨끗하게
	6	마무리	5분	

(3) 기사 2교시 색채계획 접근방법

1. 문제를 읽고 타겟(target)과 키워드(keyword)를 찾는다.
2. 그림의 복잡한 정도를 생각해서 몇 가지 색을 사용할지 결정한다.
3. 색상의 개수를 결정하고 주조색, 보조색, 강조색을 각각 몇 가지 색으로 할지 결정한다.
4. 주 · 보 · 강조색을 어디에 왜 쓸건지 A4용지에 미리 간단하게만 적는다.
　 ex) R/pl : 따뜻한, 행복한, 귀여운, 고명도의 상쾌한
5. 주 · 보 · 강조색을 다 정한 다음 컬러링을 시작한다.
6. 컬러링 후 0.5mm 검정펜으로 라인 정리를 한다(자를 휴지로 닦아가면서 한다).
7. 주조색을 가장 먼저 조색하고 도화지에 칠하기 전 2cm, 3cm 도화지띠에 먼저 칠한다.
　 이때, 2cm 도화지 띠는 2cm보다 조금 더 넓게 칠하고, 3cm 도화지 띠는 주조색은 10cm 정도로 넓게 칠한다. 강조색의 경우는
　 2cm 정도로 좁게 칠한다.
8. 보조색, 강조색도 위의 설명대로 종이띠를 만들면서 컬러링한다.

9. 2cm 도화지띠를 주조색, 보조색, 강조색 순으로 붙인다.

10. 3cm 도화지띠를 면적비례표에 그림이 연상되도록 주조색, 보조색, 강조색을 섞어서 붙인다.

11. 주조색 선정이유, 보조색 선정이유, 강조색 선정이유를 먼저 작성 후 배색의도를 작성한다. 이 때, A4에 작성 후 검정펜으로 옮겨 시험지를 작성한다.

(4) 배색의도 / 주 · 보 · 강조색 선정이유 작성방법

• 색상은 대문자 약호로 작성한다(YR, G, PB).

• 색조는 소문자 톤이름으로 작성한다(vivid, deep, grayish).

• 배색기법을 꼭 적용한다.

• 강조색 선정이유 시 시인성, 주목성, 심미성 등을 적용 가능한 부분은 기재한다.

(5) 색채계획 시 주의사항

• 앞 장의 색지, 면적비례표 색지와 뒷 장의 컬러링의 색은 100% 일치해야 한다.

• 필요 없는 장식과 명암의 표현은 삼간다.

• 주어진 도면 외에 면을 추가하지 않는다.

• 도면에 빈칸이 있으면 안 된다. 흰색도 반드시 칠한다.

• 시험지는 깨끗해야 한다.

• 색명 표기는 모두 KS한국산업규격으로 서술해야 한다.

• 2교시 답안 작성 시에는 흑색 또는 청색 볼펜, 잉크펜만 사용할 수 있으며 수정액(화이트) 사용을 금하므로 수정 시에는 두 줄을 그어 지우고 감독관의 날인을 받는다.

컬러리스트 기사 2교시 색채계획 예시답안

2012년 1회 일요일 기출문제

국가기술자격 검정 실기 시험 답안지

직무 분야	산업디자인	자격 종목	컬러리스트 기사	* 참고사항 A. 수험자가 임의로 가져온 채색재료, 색지 또는 별도로 지급된 켄트지 선택 가능
제 2교시(1, 2과정)		시험시간	3시간	B. 답안 작성시 펜은 검정이나 파랑 한가지 색으로 통일 하며 틀린 글자는 수정액을 사용하지 말고 반드시 감독관의 날인을 받아 수정할 것

문제

2130년 배경으로한 영화의 항공 레이싱에서 주인공이 탑승하는 비행기이다. 광활한 사막의 모래언덕이 영화 속의 배경이다. 비행기는 강력함과 스피드를 부각하고 배경은 레피티션 배색을 적용하여 색채계획을 하시오.

배색의도

2130년 미래의 배경으로한 비행기의 스피드감을 부각시키기 위해 고채도의 선명한 vivid의 R과 무채색의 Bk를 채도 대비 배색하여 강력함을 표현하였다. 미래의 하이테크한 느낌을 Neutral계열로 나타내었으며 배경의 사막 모래언덕을 Y색상으로 레피티션 배색하여 리듬감있게 비행기의 역동성을 표현하였다. vivid의 Y와 PB를 보색대비시켜 강조하였으며 비행기의 스피드감을 부각시키기 위해 고채도의 톤으로 tone in tone 배색하여 통일감있게 색채계획하였다.

주조색, 보조색, 강조색 선정

색채계획에 사용할 주조색, 보조색, 강조색을 10색 내외에서 선정하여 다음 빈칸에 부착하시오(남은 칸은 공란으로 할 것).

㉠보,강	㉠보,강	주㉡강	주㉡강	주㉡강	주㉡강	주㉡강	주,보㉢	주,보㉢	주,보,강

* 각 색이 사용되는 항목에 ○표시를 할것.

1) 주조색 선정기준 : 비행기의 스피드를 나타내기 위해 진출색인 고채도 장파장의 vivid R과 2130년의 미래지향적이면서 강력함을 표현하기 위해 Neutral의 Bk를 함께 채도 대비 배색하였다. 전체적으로 저드의 명료성의 원리를 적용하여 조화를 주었다.

▷ 적용부분   비행기 본체

2) 보조색 선정기준 : 비행기의 주조색의 Bk와 명도대비를 이루는 Wh와 ltGy를 배색하여 미래의 하이테크한 느낌을 주었다. 배경의 모래언덕을 light grayish, soft, deep의 Y를 도미넌트, 레피티션 배색함으로써 리듬감있게 표현하여 비행기의 역동성을 주었다.

▷ 적용부분   배경, 창문, 비행기 앞부분, 날개부분

3) 강조색 선정기준 : 주조색의 BK와 대비가 큰 고채도 vivid Y를 배색하여 비행기의 시인성을 높여 진출효과를 극대화 시켜 스피드감을 부각시켰다. 주조색 R과 보색인 선명한 vivid PB를 배색하여 강력한 에너지를 고채도로 톤인톤배색하여 표현하였다.

▷ 적용부분   비행기의 옆 라인, 앞부분, 꼬리부분, 비행기 공기흡입구

면적 비례표

(색채계획에 사용되는 주조색, 보조색, 강조색의 사용 면적을 비율별로 작성하시오.)

컬러리스트 기사 2교시 색채계획 예시답안

2012년 1회 일요일 기출문제

국가기술자격 검정 실기 시험 답안지

직무 분야	산업디자인	자격 종목	컬러리스트 기사	* 참고사항 A. 수험자가 임의로 가져온 채색재료, 색지 또는 별도로 지급된 켄트지 선택 가능
제 2교시(1, 2과정)		시험시간	3시간	B. 답안 작성시 펜은 검정이나 파랑 한가지 색으로 통일 하며 틀린 글자는 수정액을 사용하지 말고 반드시 감독관의 날인을 받아 수정할 것

색채디자인

색채계획에서 선정한 배색을 기준으로 다음 스케치 도면 위에 색채디자인하시오(단, 배색 표현이 어렵거나 색을 칠하기 어려운 부분일 경우에는 스케치 도면 밖으로 지시선을 긋고 20×20mm의 색견본을 붙여 넣으시오).

컬러리스트 기사 2교시 색채계획 기출문제

국가기술자격 검정 실기 시험 답안지

직무 분야	산업디자인	자격 종목	컬러리스트 기사	* 참고사항 A. 수험자가 임의로 가져온 채색재료, 색지 또는 별도로 지급된 켄트지 선택 가능
제 2교시(1, 2과정)		시험시간	3시간	B. 답안 작성시 펜은 검정이나 파랑 한가지 색으로 통일 하며 틀린 글자는 수정액을 사용하지 말고 반드시 감독관의 날인을 받아 수정할 것

문제

조용한 주택가에 위치한 제빵점의 파사드(facade) 색채계획을 기획하려한다. 오래된 역사를 가진 곳이며 담백한 맛으로 숙성된 빵들이 인기가 많은 곳이다. 주변과 차분하게 조화되면서 제빵의 역사와 빵 맛이 연상되도록 색채계획을 하시오.

배색의도

주조색, 보조색, 강조색 선정

색채계획에 사용할 주조색, 보조색, 강조색을 10색 내외에서 선정하여 다음 빈칸에 부착하시오(남은 칸은 공란으로 할 것).

주,보,강	주,보,강	주,보,강	주,보,강	주,보,강	주,보,강	주,보,강	주,보,강	주,보,강	주,보,강

* 각 색이 사용되는 항목에 ○표시를 할것.

1) 주조색 선정기준 :

▷ 적용부분

2) 보조색 선정기준 :

▷ 적용부분

3) 강조색 선정기준 :

▷ 적용부분

면적 비례표

(색채계획에 사용되는 주조색, 보조색, 강조색의 사용 면적을 비율별로 작성하시오.)

컬러리스트 기사 2교시 색채계획 기출문제

2016년 1회 일요일 기출문제

국가기술자격 검정 실기 시험 답안지

직무 분야	산업디자인	자격 종목	컬러리스트 기사	* 참고사항 A. 수험자가 임의로 가져온 채색재료, 색지 또는 별도로 지급된 켄트지 선택 가능 B. 답안 작성시 펜은 검정이나 파랑 한가지 색으로 통일
제 2교시(1, 2과정)		시험시간	3시간	하며 틀린 글자는 수정액을 사용하지 말고 반드시 감독관의 날인을 받아 수정할 것

색채디자인

색채계획에서 선정한 배색을 기준으로 다음 스케치 도면 위에 색채디자인하시오(단, 배색 표현이 어렵거나 색을 칠하기 어려운 부분일 경우에는 스케치 도면 밖으로 지시선을 긋고 20×20mm의 색견본을 붙여 넣으시오).

컬러리스트 기사 2교시 색채계획 기출문제

국가기술자격 검정 실기 시험 답안지

직무 분야	산업디자인	자격 종목	컬러리스트 기사	* 참고사항 A. 수험자가 임의로 가져온 채색재료, 색지 또는 별도로 지급된 켄트지 선택 가능
제 2교시(1, 2과정)		시험시간	3시간	B. 답안 작성시 펜은 검정이나 파랑 한가지 색으로 통일 하며 틀린 글자는 수정액을 사용하지 말고 반드시 감독관의 날인을 받아 수정할 것

문제

서울 명동에 위치한 운동화 전문 브랜드의 신설된 건물의 지하주차장 색채계획이다. 기능적이고 트렌디한 브랜드의 컨셉을 세련되게 표현하여 자유분방한 20대 대학생들에게 어필한다. 벽과 바닥은 도미넌트 배색하고, 식별성과 가독성을 고려하여 색채계획하여라(단, 천장과 주차선은 무채색으로 표현하시오).

배색의도

_____

_____

_____

주조색, 보조색, 강조색 선정

색채계획에 사용할 주조색, 보조색, 강조색을 10색 내외에서 선정하여 다음 빈칸에 부착하시오(남은 칸은 공란으로 할 것).

주,보,강	주,보,강	주,보,강	주,보,강	주,보,강	주,보,강	주,보,강	주,보,강	주,보,강	주,보,강

* 각 색이 사용되는 항목에 ㅇ표시를 할것.

1) 주조색 선정기준 : _____

_____

▷ 적용부분 _____

2) 보조색 선정기준 : _____

_____

▷ 적용부분 _____

3) 강조색 선정기준 : _____

_____

▷ 적용부분 _____

면적 비례표

(색채계획에 사용되는 주조색, 보조색, 강조색의 사용 면적을 비율별로 작성하시오.)

컬러리스트 기사 2교시 색채계획 기출문제

국가기술자격 검정 실기 시험 답안지

직무 분야	산업디자인	자격 종목	컬러리스트 기사	* 참고사항
				A. 수험자가 임의로 가져온 채색재료, 색지 또는 별도로
				   지급된 켄트지 선택 가능
				B. 답안 작성시 펜은 검정이나 파랑 한가지 색으로 통일
				   하며 틀린 글자는 수정액을 사용하지 말고 반드시
				   감독관의 날인을 받아 수정할 것

제 2교시(1, 2과정)		시험시간	3시간	

색채디자인

색채계획에서 선정한 배색을 기준으로 다음 스케치 도면 위에 색채디자인하시오(단, 배색 표현이 어렵거나 색을 칠하기 어려운 부분일 경우에는 스케치 도면 밖으로 지시선을 긋고 20×20mm의 색견본을 붙여 넣으시오).

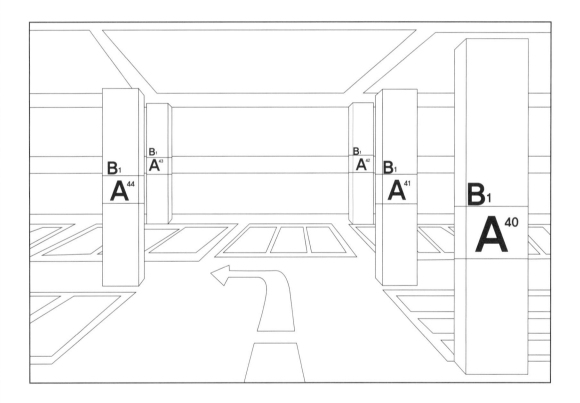

컬러리스트 기사 2교시 색채계획 기출문제

국가기술자격 검정 실기 시험 답안지

직무 분야	산업디자인	자격 종목	컬러리스트 기사	* 참고사항
제 2교시(1, 2과정)		시험시간	3시간	A. 수험자가 임의로 가져온 채색재료, 색지 또는 별도로 지급된 켄트지 선택 가능 B. 답안 작성시 펜은 검정이나 파랑 한가지 색으로 통일하며 틀린 글자는 수정액을 사용하지 말고 반드시 감독관의 날인을 받아 수정할 것

문제

2010년 동계올림픽에서 대한민국 국가대표팀의 선전으로 인해 비인기종목에 대한 사회적 관심이 활성화되었다. 이러한 상황을 고려하며 미래의 동계올림픽 국가대표의 유니폼 색채계획을 하시오. 선수들의 유니폼은 전통문화 가운데 의문(저고리) 또는 건축(처마)에서 나타나는 선의 조형미를 도입하여 빙상종목의 유니폼(혹은 덕다운 점퍼)을 색채계획을 하시오.

배색의도

주조색, 보조색, 강조색 선정

색채계획에 사용할 주조색, 보조색, 강조색을 10색 내외에서 선정하여 다음 빈칸에 부착하시오(남은 칸은 공란으로 할 것).

주,보,강	주,보,강	주,보,강	주,보,강	주,보,강	주,보,강	주,보,강	주,보,강	주,보,강	주,보,강

* 각 색이 사용되는 항목에 ○표시를 할것.

1) 주조색 선정기준 :

▷ 적용부분

2) 보조색 선정기준 :

▷ 적용부분

3) 강조색 선정기준 :

▷ 적용부분

면적 비례표

(색채계획에 사용되는 주조색, 보조색, 강조색의 사용 면적을 비율별로 작성하시오.)

컬러리스트 기사 2교시 색채계획 기출문제

2010년 3회 일요일 기출문제

국가기술자격 검정 실기 시험 답안지

직무 분야	산업디자인	자격 종목	컬러리스트 기사	* 참고사항 A. 수험자가 임의로 가져온 채색재료, 색지 또는 별도로 　지급된 켄트지 선택 가능 B. 답안 작성시 펜은 검정이나 파랑 한가지 색으로 통일 　하며 틀린 글자는 수정액을 사용하지 말고 반드시 　감독관의 날인을 받아 수정할 것
제 2교시(1, 2과정)		시험시간	3시간	

색채디자인

색채계획에서 선정한 배색을 기준으로 다음 스케치 도면 위에 색채디자인하시오(단, 배색 표현이 어렵거나 색을 칠하기 어려운 부분일 경우에는 스케치 도면 밖으로 지시선을 긋고 20×20mm의 색견본을 붙여 넣으시오).

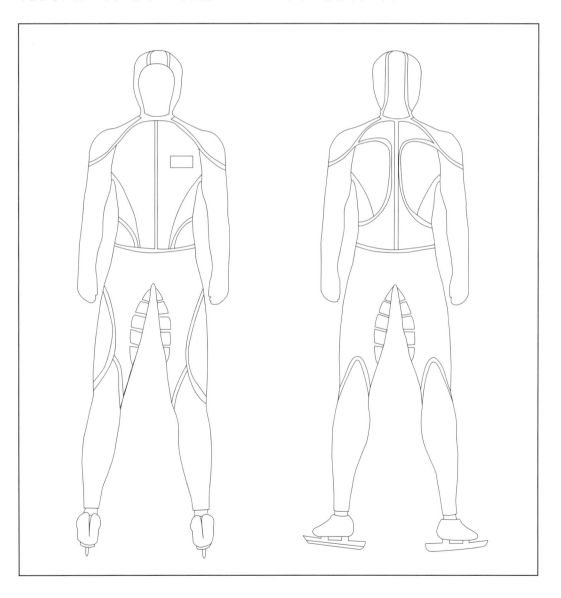

컬러리스트 기사 2교시 색채계획 기출문제

국가기술자격 검정 실기 시험 답안지

직무 분야	산업디자인	자격 종목	컬러리스트 기사	* 참고사항 A. 수험자가 임의로 가져온 채색재료, 색지 또는 별도로 지급된 켄트지 선택 가능
제 2교시(1, 2과정)		시험시간	3시간	B. 답안 작성시 펜은 검정이나 파랑 한가지 색으로 통일 하며 틀린 글자는 수정액을 사용하지 말고 반드시 감독관의 날인을 받아 수정할 것

문제

자연과 여신을 주제로 한 미용창작발표회를 홍보하기 위한 포스터이다. 전체적인 분위기는 시크한 스타일로 표현하되 헤어는 화려하고 장식적인 스타일로 한다. 헤어스타일, 메이크업, 의상이 주제 및 전체적인 분위기에 맞춰 조화되도록 하고, 이를 효과적으로 보여줄 포스터의 색채계획을 하시오.

배색의도

주조색, 보조색, 강조색 선정

색채계획에 사용할 주조색, 보조색, 강조색을 10색 내외에서 선정하여 다음 빈칸에 부착하시오(남은 칸은 공란으로 할 것).

주,보,강	주,보,강	주,보,강	주,보,강	주,보,강	주,보,강	주,보,강	주,보,강	주,보,강	주,보,강

* 각 색이 사용되는 항목에 ○표시를 할것.

1) 주조색 선정기준 :

▷ 적용부분

2) 보조색 선정기준 :

▷ 적용부분

3) 강조색 선정기준 :

▷ 적용부분

면적 비례표

(색채계획에 사용되는 주조색, 보조색, 강조색의 사용 면적을 비율별로 작성하시오.)

컬러리스트 기사 2교시 색채계획 기출문제

2010년 1회 토요일 기출문제

국가기술자격 검정 실기 시험 답안지

직무 분야	산업디자인	자격 종목	컬러리스트 기사	* 참고사항 A. 수험자가 임의로 가져온 채색재료, 색지 또는 별도로 지급된 켄트지 선택 가능 B. 답안 작성시 펜은 검정이나 파랑 한가지 색으로 통일하며 틀린 글자는 수정액을 사용하지 말고 반드시 감독관의 날인을 받아 수정할 것
제 2교시(1, 2과정)		시험시간	3시간	

색채디자인

색채계획에서 선정한 배색을 기준으로 다음 스케치 도면 위에 색채디자인하시오(단, 배색 표현이 어렵거나 색을 칠하기 어려운 부분일 경우에는 스케치 도면 밖으로 지시선을 긋고 20×20mm의 색견본을 붙여 넣으시오).

참고문헌

김정은 외(2014). 컬러리스트기사, 산업기사 실기. 예문사
도서출판국제(2002). 컬러리스트. 도서출판국제.
박연선(2007). 색채용어사전. 예림.
(사)한국색채학회(2002). 컬러리스트 이론편. 도서출판국제.
이선호 외(2008). 컬러리스트 실기시험 완벽 가이드. 미진사.

Birren Faber(1969). Principles of Color. Van Nostrand Reinhold Co.
Chevreul Michel E,(1967). The Principles of Harmony and Contrast of Colors. Reinhold Publishing Co.
Garan Augusto(1993). Color Harmonies. University of Chicago Press.

찾아보기

저자 소개

정연자

건국대학교 일반대학원 복식디자인 이학박사
건국대학교 디자인대학 뷰티디자인전공 교수
한국인체미용예술학회 회장
한국색채학회 상임이사

윤지영

건국대학교 일반대학원 뷰티디자인전공 박사과정
전 이화여자대학교 색채디자인연구소 연구원
서경대학교 미용예술학과 외래강사
한국색채학회 정회원

컬러리스트

2017년 3월 14일 초판 인쇄 | 2017년 3월 21일 초판 발행

지은이 정연자·윤지영 | **펴낸이** 류제동 | **펴낸곳 교문사**

편집부장 모은영 | **책임진행** 오세은 | **디자인** 신나리 | **본문편집** 벽호미디어

제작 김선형 | **홍보** 이보람 | **영업** 이진석·정용섭·진경민 | **출력·인쇄** 동화인쇄 | **제본** 한진제본

주소 (10881)경기도 파주시 문발로 116 | **전화** 031-955-6111 | **팩스** 031-955-0955
홈페이지 www.gyomoon.com | **E-mail** genie@gyomoon.com
등록 1960. 10. 28. 제406-2006-000035호
ISBN 978-89-363-1633-4(93590) | 값 14,300원